STANDARD CODE

舌尖上的"标准"密码

——教你远离身边的食品安全风险

上海市质量和标准化研究院
华东理工大学食品药品监管研究中心   编
上海市质量监督检验技术研究院
国家食品质量监督检验中心（上海）

U0313695

上海科学技术文献出版社
Shanghai Scientific and Technological Literature Press

图书在版编目（CIP）数据

舌尖上的"标准"密码：教你远离身边的食品安全风险／上海
市质量和标准化研究院等编 . 一上海：上海科学技术文献出版
社，2016.1
ISBN 978-7-5439-6859-2

Ⅰ . ① 舌…　Ⅱ . ① 上…　Ⅲ . ① 食品安全—基本知识　Ⅳ .
① TS201.6

中国版本图书馆 CIP 数据核字 (2015) 第 240033 号

责任编辑：张　军

舌尖上的"标准"密码

上 海 市 质 量 和 标 准 化 研 究 院
华东理工大学食品药品监管研究中心
上 海 市 质 量 监 督 检 验 技 术 研 究 院　编
国家食品质量监督检验中心（上海）

出版发行：上海科学技术文献出版社
地　　址：上海市长乐路 746 号
邮政编码：200040
经　　销：全国新华书店
印　　刷：昆山市亭林印刷有限责任公司
开　　本：720×960　1/16
印　　张：11.25
字　　数：157 000
版　　次：2016 年 1 月第 1 版　2016 年 1 月第 1 次印刷
书　　号：ISBN 978-7-5439-6859-2
定　　价：58.00 元
http://www.sstlp.com

目　录

Contents

目　录

第一节 食品添加剂无需"谈虎色变"

阿斯巴甜
安赛蜜
食用香精
黄原胶
山梨酸钾
维生素C
苯甲酸钠

三聚氰胺奶粉、染色馒头、塑化剂饮料等食品安全事故，让许多缺乏专业知识的市民提起食品添加剂就"谈虎色变"。到底什么是食品添加剂？食品添加剂和违法添加物的区别在哪里？我们又该如何正确认识食品添加剂？

1. 什么是食品添加剂？对于食品行业来说，食品添加剂起到了什么样的作用？

根据 GB 2760-2014《食品安全国家标准 食品添加剂使用标准》的定义，食品添加剂是指为改善食品品质和色、香、味，以及为防腐、保鲜和加工工艺的需要而加入食品中的人工合成或者天然物质。包括食品用香料、胶基糖果中基础剂物质和食品工业用加工助剂等。

随着食品工业的快速发展，食品添加剂对食品工业的进步和创新起到了推动作用，它不但价格低廉、原料来源丰富，而且使用方便、易于储存管理，既有利于增强食品风味、改变食品色泽，又有利于保持食品营养价值、改善食品加工工艺的性能，还在延长食品保质期、保持食品连续性和统一性方面发挥着极其重要的作用，一些食品离开了添加剂就无法达到应有的品质，甚至根本无法生产出来。

就拿很多消费者"谈虎色变"的防腐剂（常见的有苯甲酸钠和山梨酸钾等）为例，很多食品在生产过程中不适合采用杀菌、灭菌等工艺，不然会导致营养成分破坏或严重影响口感，为防止食品过快地腐败变质，就需要加入防腐剂。由于微生物是广泛存在的，如果没有了防腐剂，微生物的繁殖将得不到有效的控制，食品的保质期就会大大缩短，甚至刚摆上货架就面临着过期，而且由食品中微生物引发疾病的可能性也容易增加。

生产内酯豆腐用的葡萄糖酸-δ-内酯也是一种食品添加剂，如果没有了它，内酯豆腐就无法正常成型，消费者也就吃不到鲜嫩可口的内酯豆腐了。

食品添加剂已成为食品工业不可或缺的重要组成部分，而且从发达国家的经验来看，食品工业越发达，人民生活水平越提高，使用食品添加剂品种就越多。

2. 如何才能确保食品添加剂的安全使用?

食品添加剂的使用必须遵循 GB 2760-2014 的相关规定。

食品添加剂的使用不应对人体产生任何健康危害，也不应掩盖食品腐败变质，更不能掩盖食品本身或加工过程中的质量缺陷，或以掺杂、掺假、伪造为目的而使用食品添加剂。使用食品添加剂不能降低食品本身的营养价值，在达到预期目的的前提下要尽可能降低在食品中的使用量。食品添加剂可以作为某些特殊膳食用食品的必要配料或成分，用来提高食品的质量和稳定性，改进其感官特性，便于食品的生产、加工、包装、运输或者储藏。

食品添加剂还必须符合国家规定的相应质量标准。比如，GB 4481.1–2010《食品安全国家标准 食品添加剂 柠檬黄》中规定了感官、理化等 2 大类共 14 个指标的要求，若生产厂家采用的食品添加剂柠檬黄是符合要求的，又在规定范围和用量内使用，那么就不会影响身体健康。

再比如，QB/T 1505–2007《食用香精》规定了食用香精中重金属（以铅计）和砷的含量必须分别不大于 10 毫克 / 千克和 3 毫克 / 千克，保障消费者在食用含有香精的食品时不会因为香精含有过高的重金属和砷导致这些有毒物质在体内累积，损害健康。

另外，食品添加剂也可以通过食品配料（含食品添加剂）带入食品中，食品配料中该添加剂的用量不应超过允许的最大使用量；必须在正常生产工艺条件下使用这些配料，而且食品中该添加剂的含量不应超过由配料带入的水平；值得注意的是，由配料带入食品中的该添加剂的含量应明显低于直接将其添加到该食品中通常所需要的水平。

3. 近年来，苏丹红、三聚氰胺、塑化剂等食品安全事故频频发生，很多人认为只要是添加到食品里的东西都是食品添加剂，这样的理解是否存在偏差？

其实，非法添加物和食品添加剂是两个完全不同的概念。这几年所揭露出的非法添加物如苏丹红、三聚氰胺、工业酒精和塑化剂等多为化工原料或者非食用级别的物质，它们对人体健康具有很大的危害，是严禁在食品中使用的，这一点和食品添加剂的按规定适量使用的原则是有本质区别的。

严格按照国家有关标准和规定正确使用食品添加剂是对健康无害的，凡是列入标准和规定的食品添加剂都是经过长期严格试验和筛选，经过急性、遗传、传统致畸及亚慢性等一系列毒性试验来进行充分的毒理学安全性评价，确保其在使用范围内长期摄入对人体无安全隐患后方可得到批准使用。而非法添加物没有经过这一严格的评审程度，其安全性无法得到保障。而且非法添加物往往是工业用品，因为价格低或者可以更好地改变食品的某一性能就被一些黑心企业非法使用。

由于缺乏相关科学知识，不少消费者容易将食品添加剂和非法添加物两者混淆，认识存在一定的误区，如：最通常会产生的误解是以为凡是添加到食品中的物质都是食品添加剂。部分媒体报道食品安全事件时由于相关人员专业性不强，分不清染色馒头（超范围使用食品添加剂柠檬黄等）和三鹿奶粉（使用非法添加物三聚氰胺）两者之间的区别，笼统地将事件的责任归结于食品添加剂，使消费者得出食品添加剂危害食品安全的片面观念。

还有某些厂商为追求经济利益，迎合部分消费者的心理，大肆标榜其产品不含食品添加剂，甚至在宣传时暗示所有食品添加剂的使用是不必要的，是有损健康的。这种不正当广告使得消费者的误解加深，认为食品添加剂和非法添加物是差不多的概念，均对人体有害无益。

第二节　食品添加剂 VS 非法添加物

1. 我们为什么要使用食品添加剂，它具有哪些功能？

在 GB 2760-2014《食品安全国家标准 食品添加剂使用标准》附录 D 中列举了食品添加剂的 22 种功能，例如某些食品添加剂是抗氧化剂（如丁基羟基茴香醚），可防止或延缓油脂或食品成分氧化分解、变质，提高食品稳定性；某些是营养强化剂（如维生素），可以增强营养成分；某些是甜味剂（如甜蜜素），能赋予食品以甜味。

食品添加剂还可作为酸度调节剂、抗结剂、消泡剂、漂白剂、膨松剂、着色剂、护色剂、乳化剂、酶制剂、增味剂、面粉处理剂、被膜剂、水分保持剂、防腐剂、稳定剂、凝固剂、增稠剂、食品用香料和食品工业用加工助剂等使用。其中部分食品添加剂只有单一功能（如二氧化硅只具备抗结功能），部分食品添加剂则有多种功效（如焦亚硫酸钠具有漂白、防腐、抗氧化作用）。

2. 看起来食品添加剂的功能真是不少，那什么情况下使用食品添加剂是必要的，什么情况又是不必要的？

总体而言，食品添加剂对食品工业的进步和创新起到了积极的推动作用，它的使用存在着技术必要性，一些食品离开了添加剂就无法达到应有的品质，甚至根本无法生产出来。例如糖尿病患者要减少含糖食品的摄入，但很多患者又喜好甜食，因此在生产加工中常把甜味剂加入到糖尿病患者专用食品中，既满足了糖尿病患者对于口味的需求，又降低了血糖上升的风险。又如为防止食用油在保质期中氧化变质，需要加抗氧化剂，肉肠中需要加防腐剂等。

但有时候，食品添加剂的使用是不必要的，如防腐剂对于水果罐头而言就是如此。水果罐头的生产工艺中包含了密封、杀菌的步骤，而且很多水果罐头是高糖分的，这也会抑制部分微生物的生长。鉴于技术上的非必要性，即便少量防腐剂不会对人体产生损害，国家标准 GB 2760–2014 仍明确规定水果罐头不允许添加防腐剂，从这一点可以看出，我国对于食品添加剂使用的规定是严格的。

3. 市场上是否存在一些为了迎合消费者的需求而使用食品添加剂的情况？

消费者对于糕点和面包更加柔软和蓬松口感的追求，在某种程度上促使生产厂家在产品中加入越来越多的膨松剂，相同质量的面包，现在的体积比过去大了不少。虽然酒石酸氢钾和聚葡萄糖等膨松剂按照标准可以按生产需要适量使用，一般不会对人体产生什么危害，但是摄入大量的膨松剂并无什么益处。

又如消费者对于酱瓜、榨菜更加爽脆的需求，在某种程度上使生产厂家在部分酱腌菜中超范围非法添加硫酸铝钾（又名钾明矾）或硫酸铝铵（又名铵明矾）等食品添加剂。某些酱腌菜中曾检测出较高含量的铝，超过其所用原料（如榨菜、黄瓜、萝卜）正常本底值的数倍，使我们在大饱口福的同时埋下了健康的隐患。

食品在保质期内确保色、香、味和安全等品质，是生产商应提供给消费者的基本承诺和保障。为最终确保食品的安全，《食品安全法》第四十条规定：食品添加剂应当在技术上确有必要且经过风险评估证明安全可靠，方可列入允许使用的范围。国务院卫生行政部门应当根据技术必要性和食品安全风险评估结果，及时对食品添加剂的品种、使用范围、用量的标准进行修订。

依据《食品添加剂新品种管理办法》的要求，如果某种食品添加剂不再具有技术必要性，或者有新的科学证据表明存在安全隐患的，卫生部将及时组织重新评估。

第三节　剂量决定危害

　　我国 GB 2760-2014《食品安全国家标准 食品添加剂使用标准》对于食品添加剂的使用原则、使用量和使用种类做出了严格的规定，其中有一条就是"在达到预期目的前提下尽可能降低在食品中的使用量"。那么食品添加剂的使用剂量与其对人体健康之间究竟是什么关系呢？

　　1. 国家标准中的食品添加剂限量值到底是怎么确定的？这样的限量值究竟安全吗？

　　联合国粮农组织（FAO）/ 世界卫生组织（WHO）在 1956 年成立了联合食品添加剂专家委员会（JECFA），负责食品添加剂的风险评估工作，并制定了 JECFA 食品添加剂评价的主要原则——《食品添加剂和食品中污染物的安全性评价原则》。

评估机构通常根据毒理学试验获得的 NOAEL（可观察的无副作用剂量水平，是指在确定的暴露条件下，通过试验或者观察得到的不会对受试生物的生态学、功能能力、生长、发育和寿命带来可观察的不良改变的受试物的最高浓度或剂量）除以合适的安全系数来计算安全水平或者 ADI 值（每日允许摄入量）。

ADI 值定义为依据人体体重，如按此量摄入某种食品添加剂，即使终生摄入，也不会对健康造成不良作用的量，它是国内外评价食品添加剂安全性的重要依据。例如，糖精钠的 ADI 值为每千克体重 5 毫克，即一个 60 千克体重的人每日允许摄入量为 300 毫克。

然后各个国家和地区会根据添加剂的 ADI 值、其所添加的食品在人们日常饮食中摄入量的多少，以及生产工艺上使用的必要性和需要使用的量等因素，得出某类食品中某种添加剂的限量值。鉴于人们对不同食品的摄入量存在较大差异，而且同一食品在不同国家和地区的居民食用量也不同，因此我们会看到同一添加剂在不同食品中的限量值不同，同一添加剂在不同国家同一食品中的规定也不同，消费者不能简单地认为限量值低的一定更科学。

2. 为什么有的企业会超量使用食品添加剂？

一些企业或个人在利益最大化的驱动下会超量使用添加剂以改善食品的外观和某些质量指标来吸引消费者。有些企业违规在糕点、饮料、蜜饯中过量加入膨松剂、甜味剂和色素等以追求口感、降低成本，并用鲜艳的颜色来引起儿童的购买欲。如果食用了超标的产品，就会在不知不觉中影响消费者的健康。

例如，超量使用硫磺或焦亚硫酸钠用于黄花菜的加工、上色、防腐和防霉。黄花菜从田地里采摘回来时是黄色的，在采摘之后必须晒干，否则易发霉、变质。普通产品经太阳晒干后，颜色偏棕黄。为了能让黄花菜的颜色变得鲜亮，一些农户和经销商在打包前，会将黄花菜用硫磺或焦亚硫酸钠等来熏。但加工处理时往往不注意控制用量，只以颜色好看为衡量指标，这样很容易使干制黄花菜成品中二氧化硫残留量超过 GB 2760-2014 规定的限量 0.2 克 / 千克。

另外有一类超量使用的情况就是重复、多环节加入食品添加剂，一般分为 3 种：第一种是在某食品中添加了单一的添加剂后，又因其他需要添加了复合食品添加剂，而复合添加剂由于具体成分的含量保密，可能会出现某种添加剂因重复添加导致添加剂含量超标的情况；第二种是多个环节反复添加。比如上文提到过的黄花菜，现实中存在采摘的农民添加、收购商再添加的情况，即使每一步的用量是符合规定的，但累积起来的用量使最终产品的添加剂含量严重超标；第三种是因原料带入和生产工艺累积添加所致。比如苯甲酸作为防腐剂可应用在酱油中，然后酱油作为主要原料用于液体复合调味料，于是苯甲酸就被带入其中，如果液体复合调味料生产者不知道酱油里使用了一定量的苯甲酸，直接按照国家标准的限量规定添加防腐剂就可能导致超标。

3. 超过标准中规定使用量的食品添加剂会对人体产生什么危害？

过量摄入食品添加剂给人体带来的危害是潜在的，短期内一般不会有很明显的症状，经过长期地积累，危害就会逐步显现出来。例如长期低浓度接触二氧化硫，可能造成头痛、头昏、乏力等全身症状以及慢性炎症、嗅觉及味觉减退等；过量色素的摄入会加重肝肾的负担。

4. 那是不是可以认为在国家法规允许的限量内使用食品添加剂就是安全的呢？

有句话叫做"剂量决定危害"，某种物质不论其毒性强弱，对人体都有一定的剂量－效应关系。也就是说一种物质只有达到一定的浓度或剂量水平，才能显示其危害作用。如上文所述，国家规定可以使用的这些食品添加剂都是经过了严格的试验，在规定的使用范围和限量内是安全的。

有些作为食品添加剂使用的物质，其实在天然食品中也存在。例如，防腐剂苯甲酸自然产生于很多种食品中，据文献报道坚果、黄豆中苯甲酸的含量为 1.2~11 毫克 / 千克，水果中的含量为 0~14 毫克 / 千克。有些天然食品中含有的化学物质不比法规允许的部分食品中食品添加剂的限量值低，如姚焕章在其撰写的《食品添加剂》一书中指出，可作为香料使用的丁香在成熟时含约 0.5 克 / 千克的苯甲酸，和我国对于蜜饯凉果中苯甲酸的限量一样。

我们知道很多食品多吃会对身体产生危害，例如多吃菠菜会使人体摄入大量的草酸，致使锌和钙与草酸结合而排出体外，引起锌和钙缺乏症；多吃盐也有血压升高、动脉粥样硬化、加快骨钙丢失等危害。食品添加剂其实也一样，在一定含量内能美化食品的色香味，并不会对人体有害，而当超过了限量，它有害的一面就慢慢显现了出来。所以说食品添加剂的使用剂量，决定了其对人体的影响。

理想的食品添加剂应当是无害的，但是要达到绝对安全并不现实。安全使用食品添加剂，保障人体健康和安全，必须严格规范其使用剂量，即食品安全评估中的"限量"，企业生产过程中严格按照标准规定的"添加量"，消费者饮食平衡调节的"摄入量"，三者一个都不能少。

第一节　镉大米的反思

2013 年 5 月，湖南省攸县的 3 家大米厂生产的大米在广东省广州市被查出镉超标。广东省佛山市顺德区通报了顺德市场的大米检测结果，在销售终端发现了 6 家店里售卖的 6 批次的大米镉含量超标；在生产环节中，发现 3 家公司生产的 3 批次大米镉含量超标；在流通环节抽检了湖南产地的大米。在抽检的 27 家杂货铺、食品店、购物中心中，共有 6 家店里的大米镉超标。那么什么是"镉大米"？食用了"镉大米"后会对人体产生哪些伤害？在"镉大米"事件的背后，又反映了怎样的社会问题？

1. 什么是"镉大米"?

镉大米,一般指镉含量超标的大米。镉通常通过废水排入环境中,再通过灌溉进入植物,水稻是典型的"受害作物"。过度使用化肥使土壤中镉含量超标,引起植物的吸收是原因之一。一些磷肥和复合肥中镉含量超标,能够使土壤和作物吸收到不易被移除的镉。空气和水镉污染也将导致水稻在生存过程中吸收大量的镉。

2. 某些地区生产的大米中镉含量为什么会超标?

首先,采矿企业"几乎没有环保设施",重金属排污被放任自流地进入土壤农田。采矿和冶炼会导致土壤镉污染,一些肥料中也含有重金属镉。即使冶炼厂距离远,其排放的废气扩散后也可能随降雨落到农田中。其次,被重金属严重污染的土地被继续种植大米,农民没有收到任何来自政府方面的种植禁令。最后,来自农业的污染也是土壤重金属污染的重要来源。一些地方周边虽然没有涉重金属的工业企业,但生产出来的农作物仍会出现重金属超标,原因就在于农业投入品被滥用。以上原因致使重金属超标的大米进入市场交易。

要寻找稻米镉超标的原因,还需对当地大气、水和土壤都进行检测。

南方省份土壤中重金属本来底值就偏高,加之多年来经济结构偏重于重化工业,大量工业"三废"排放加剧了土壤重金属污染的形成。土壤重金属污染的成因十分复杂,其中既有工业造成的点源污染,也有农业投入品滥用造成的面源污染。重金属对土壤的污染首先来自于工业"三废"。以湖南为例,作为全国闻名的有色金属之乡,湖南有色金属采选开发已有数百年历史,重金属污染的历史包袱也同样沉重。故造成此次"镉大米"的元凶,并非部分生产者或商家片面逐利的黑心行为,严重的土壤污染才是大米镉超标的主因。GB 2762-2012《食品安全国家标准 食品中污染物限量》标准中对各种食物的镉含量进行了相应的规定。

3. 食入了镉含量超标的大米后，会对人体造成哪些危害？

根据不同的摄取方式来讲，镉对健康有不同的影响。通过大米等食物摄取的，属于"长期小剂量"，主要造成肾脏和骨骼的损伤。世界卫生组织（WHO）对镉的安全标准就是基于对肾脏的毒性建立的。这个安全标准包括所有的镉来源。除了大米以外，人还要吃其他食物，还要喝水，其中也可能含有镉。对于"镉大米"产区的人们来说，其他来源的镉就更不能忽视了。

慢性镉中毒的症状被命名为"痛痛病"（即骨癌病），日本在几十年前就注意到了它的存在。根据研究，痛痛病的症状主要来源于镉对肾脏和骨骼的破坏。对骨骼的影响是骨软化和骨质疏松，表现为腰、手、脚等关节疼痛。病症持续几年后，患者全身各部位会发生神经痛、骨痛现象，行动困难，甚至呼吸都会带来难以忍受的痛苦。到了患病后期，患者骨骼软化、萎缩，四肢弯曲，脊柱变形，骨质松脆，就连咳嗽都能引起骨折。患者不能进食，疼痛无比。镉在肾中一旦累积到一定量，就可能损害泌尿系统，最后导致肾衰竭。主要表现为近端肾小管功能障碍为主的肾损害。虽然这不一定致命，但可能会影响预期寿命。镉中毒更大的麻烦在于它的长期性。即使停止食用高镉大米，肾衰竭症状依然会持续。长期接触更大剂量（WHO安全线的3倍以上）的镉还可能会导致消化道的障碍。

4. 如何避免食用"镉大米"的危害？

中国人很难不吃米饭。对于非"高镉"地区的人们来说，问题可能不是那么严重。根本的解决途径还是对工业污染的治理，迫切的需要则是广泛严格地检测食物以及饮水中的镉含量，并且有关部门应及时处理与公布。对于消费者来说，保护自己的可行途径是增加食谱的多样化，减少对大米（尤其是单一来源的大米）的依赖。此外，根据日本的统计，钙和维生素D缺乏的人群，对镉过量也更加敏感。所以，保证自己的食谱中有充足的钙和维生素D，可能有助于增加对镉的抵抗力。

为降低食品中某些元素对人体的危害程度，主动而广泛摄入各种食品尤为重要，人们应当更加"杂"地取食，在无法立即消除大米中镉含量较高倾向的情况下，可以多吃些海产品、豆类产品、瓜子等含锌量较高的食品，以"拮抗"食品中含量过多的镉，降低患病的危险。同时，南方人应该搭配着多吃些北方食品。

5. 在"镉大米"事件的背后，又反映了什么样子的社会问题?

镉大米带来了很大的恐慌，其成因涉及方面比较多，它既是环境保护、土壤污染防治层面上的监管不达标，也是食品安全保障、市场秩序维护层面上的监管不达标。事实上，不仅是湖南，国内有多个省份出产的稻米被查出镉超标，土壤污染已成我国众多地方的"公害"。人口多、耕地少的现实，使得人们过度追求"产量至上、效益至上"，只向土地索取，而长期忽视了土壤的保护与修复。"镉米危机"的出现，再次敲响了土壤污染的警钟。高品质、有保障的农产品已成为广大人民群众的现实诉求。呵护好耕地质量，确保百姓"吃得安全"、"吃得好"，同样迫切而必要。

"镉大米"事件说明我国耕地基础地力后劲不足、污染加重等问题正变得越来越严重。首先，耕地质量缺乏保护，没有明确的责任主体，也没有完善的监测、考评制度。其次，我国人多地少田薄，种植业比较效益低，农民即使知道过多使用化肥会影响农田质量，甚至造成农业面源污染，但为多打粮多赚钱，许多农民仍会选择增加化肥的使用量，这也造成了耕地质量的恶化。在经历了镉米危机之后，治理土壤污染的重要性与紧迫性已更加凸显。"镉米"风波发生后，无论是在政府层面还是社会公众，都应该理性应对、冷静反思。因此，未来的耕地保护，要守好质量的底线，为耕地质量保护划出一条不可逾越的"标准"，唯有这样才能实现耕地资源的可持续利用，夯实农产品质量安全的基础。

第二节　无处不在的金黄色葡萄球菌

有媒体曾披露"思念"、"三全"厂家生产的三鲜水饺等品种被检出含有金黄色葡萄球菌。这个看似诱人的名字到底是什么菌？从哪里来？有什么危害？我们如何来防止或降低它的污染和危害来确保自身的安全呢？

1. 污染水饺中的那种叫金黄色葡萄球菌到底是什么菌？

这种在显微镜下能观察到的、看似非常诱人的金黄色葡萄球菌是人类的一种重要病原菌，可引起多种严重感染，有"嗜肉菌"的别称。

金黄色葡萄球菌营养要求不高，有氧、缺氧都适宜，最适温度为 37 摄氏度，pH 值为 7.4，干燥环境下可存活数周。金黄色葡萄球菌耐盐，可在浓度为 10%~15% 的 NaCl 肉汤中生长。

2. 金黄色葡萄球菌对人体有什么危害？

金黄色葡萄球菌最喜欢居住在化脓部位，如疥疮、手指化脓处，上呼吸道感染区域，如鼻窦炎、化脓性肺炎、口腔疾病等地方，是人类化脓感染中最常见的病原菌。它在自然界中无处不在，空气、水、灰尘及人和动物的排泄物中都可找到。

人体被金黄色葡萄球菌感染可能会引起肺炎、心包炎，甚至是败血症、脓毒症等等疾病。它的致病力强弱主要取决于其产生的毒素和侵袭性酶。当金黄色葡萄球菌数达到一定量的时候，它所释放的溶血素能损伤血小板，破坏溶酶体，引起肌体局部缺血和坏死；它的杀白细胞素可破坏人的白细胞和巨噬细胞；当金黄色葡萄球菌侵入人体时，它的血浆凝固酶能使血液或血浆中的纤维蛋白沉积于菌体表面或凝固，阻碍吞噬细胞的吞噬作用等等。

近年来，美国疾病控制中心报告，由金黄色葡萄球菌引起的感染占第二位，仅次于大肠杆菌。金黄色葡萄球菌肠毒素是个世界性卫生难题，在美国由金黄色葡萄球菌肠毒素引起的食物中毒，占整个细菌性食物中毒的33%，加拿大则更多，占到45%，我国每年发生的此类中毒事件也非常多。人食用了被金黄色葡萄球菌污染的食品一般是引起腹泻等食物中毒症状。

3. 既然金黄色葡萄球菌有那么多危害，那如何才能防止其对冷冻食品等食品的污染呢？

要防止其对食品的污染，首先要防止带菌人群对各种食物的接触，加强相关工作人员清洁消毒工作；并定期对生产加工人员进行健康检查，患局部化脓性感染（如疖疮、手指化脓等）、上呼吸道感染（如鼻窦炎、化脓性肺炎、口腔疾病等）的人员要暂时停止其工作或调换岗位。

对原料的控制是关键环节之一。肉制品加工厂，患局部化脓感染的禽、畜尸体应除去病变部位，经高温或其他适当方式处理后进行加工生产。

要防止金黄色葡萄球菌肠毒素的生成，还需要在低温和通风良好的条件下储藏食物，以防肠毒素的形成；在气温高的春夏季，食物即置于冷藏或通风阴凉地方也不应超过2小时，应及时冷藏并且食用前要彻底加热来杀死金黄色葡萄球菌。

食品生产环境是一个易受污染区域，若由于局部地区受污染而未及时消毒和清洁，可能导致该病菌迅速蔓延，直至影响整批产品或一个时间段的产品。

生产过程中我们可以通过对这些危害进行分析，控制这些关键点来进行有效的管理（即 HACCP 方法）。从源头开始对每个可能被污染的环节严格控制，远离污染。在 HACCP 管理体系原则指导下，食品安全贯穿于整个生产过程中，而不是传统意义上的最终产品检测。另销售环节也不能忽视，要做好每个环节的预防作用。

金黄色葡萄球菌的污染属 HACCP 方法分析中生物性、化学性和物理性三大污染因素中的生物性污染。我国已将食品安全问题列入《中国食物与营养发展纲要》，2002 年 4 月 9 日国家质量监督检验检疫总局颁布的《出口食品生产企业卫生注册登记管理规定》，强制要求罐头、水产品、肉及肉制品、速冻蔬菜、果蔬汁、含肉或水产品的速冻方便食品等六类食品出口企业必须建立 HACCP 食品安全体系。

在我们日常生活中，烹饪过程由于刀具的生熟不分或未清洗干净，手干裂而发炎，在适宜的温度下，极易发生金黄色葡萄球菌污染而导致食物中毒。冷冻食品食用前应充分地加热熟制以降低其污染的风险，冷冻水饺一般要在 100 摄氏度的水中煮至少 3 分钟才较为安全。故 HACCP 也可用于我们日常生活的管理，降低风险，提高我们的生活品质。

4. GB 19295–2011《食品安全国家标准 速冻面米制品》国家标准中的该菌指标为何低于旧标准？是对安全要求放松了吗？

消费者都希望食物"绝对安全"，对于"可能危害"的东西"零容忍"。过去我们对致病性微生物要求是零的概念，规定不得检出。但从科学的角度来说，食品涉及种养殖、加工、生产、包装、储存、流通多个环节。旧标准 GB 19295–2003《速冻预包装面米食品卫生标准》要求金黄色葡萄球菌等致病菌"不得检出",这是微生物定性检测方法。采用一个样品检测来判定产品微生物污染情况,这种采样方案和限量规定不能全面、真实地反映产品微生物污染状况和可能对健康的影响。

GB 19295-2011 采用了国际食品微生物标准委员会三级采样方案,用多个样品定量检测结果进行综合判定,应该是科学的。

现在按照国际上的惯例,在风险评估的基础上,建立健全科学、统一的食品安全标准体系。重点制(修)订了食品中农兽药残留、有毒有害污染物、致病微生物、真菌毒素限量标准以及食品添加剂使用标准。加强对国际标准和国外先进标准的跟踪研究,及时调整和完善我国食品安全标准。加强宣传培训和督促检查,严格实施食品安全标准。使新制修订标准更加科学和具有可操作性。

食品安全标准应以科学的风险评估为依据。即将出台的新标准允许检出金黄色葡萄球菌的含量,并不意味着食品安全标准降低了,而是从"不得检出"的"定性"逐步转为"定量",这符合国际惯例。科学的具有可操作性的标准将引导整个行业健康可持续地发展。

第三节　速冻食品谨防安全"断链"

存储、运输、卸货、销售等过程中的温度是否达到要求？
沙门菌、金黄色葡萄球菌的检出量是多少？

国家标准

在生活节奏日益加快的当下，便捷的速冻食品受到了众多消费者的青睐，然而速冻食品相较其他普通食品，除了在制造环节要严格控制质量外，还对储运过程的冷冻温度有着特殊要求。运输中无论哪个冷链环节出现问题，都可能导致速冻食品的品质下降。企业、销售商、消费者如何共同保障速冻食品应有的品质？消费者又该如何选购速冻食品，以降低其食品安全风险呢？

1. 什么是速冻食品？速冻与冷冻相比有何优势？

速冻食品是指在低于 –30 摄氏度的条件下，通常用 15 分钟左右的时间将食品的中心温度降至 –18 摄氏度以下，形成冷冻状态，在 –18 摄氏度冷链条件下进入销售市场的预包装食品。冷冻则又称慢速冻结，是指在高于 –30 摄氏度条件下

（一般在 −18~−23 摄氏度）将食品冻结。

食品细胞中存在着营养分子和水分子，在速冻的条件下，食品细胞内部的分子结构维持不变，从而最大限度地达到保鲜的目的，基本上保持了食品原有的色、香、味。速冻食品在 −18 摄氏度的冷藏条件下的保质期长达一年左右。采用冷冻工艺的食品由于在慢速冻结过程中，水分在细胞外部和内部最初需要凝结的时间较长，因而结成较大的冰晶，使细胞受挤压后，产生变形和破裂，从而破坏了食品的组织结构，解冻后汁液流失较多，不能保持食品原有的外观和鲜度，质量明显下降。一般在家里做的水饺和馄饨放入冰箱冷冻室中，就属于自制冷冻食品。

2. 什么是冷链？哪些冷链环节容易"断链"？断链后的食品有哪些潜在的安全隐患？

冷链是指为保持产品的品质而采用的从生产到消费的过程中始终处于低温状态的物流网络。以制冷技术为手段，在运输、储存、销售过程以及到消费者购买后始终保持要求的温度，是确保在保质期内冷链产品品质的前提。冷链涉及仓库存储，运输中的物流车冷冻、卸货，销售过程中的冷冻柜，消费者采购、转运到家中的储存等过程中的温度要求。

冷链中任何一个环节的温度高于该食品规定的要求范围下限，都有可能对此速冻食品造成不可逆转的品质下降（在保质期内），即为冷链的"断链"。尤其在炎热的夏季，有些企业或物流公司、超市为了节约成本，将存储速冻食品的冷藏车、冷冻柜的温度设置在 −18 摄氏度以上，有的冷冻车制冷设备运行不稳定或在运输过程中发生断电故障等，对于速冻食品来说等于进入了解冻状态。由于速冻食品有对冷链的低温要求，故一般的速冻食品不放防腐剂，这就导致解冻食品中经历冬眠的细菌将加速繁殖，而重新冷冻又造成该食物细胞被进一步破坏，等到下次再解冻的时候，由于更多的细菌以及反复破坏细胞，更易使该食品在短时间内变质。

3. 目前冷链和速冻食品的相关国家标准有哪些？此前国家标准曾对金黄色葡萄球菌在速冻食品中的检测做过调整，由不得检出变为限量检出，这是为什么？

目前冷链涉及的相关国家标准有 GB/T 28577-2012《冷链物流分类与基本要求》、GB/T 28843-2012《食品冷链物流追溯管理要求》、GB 19295-2011《食品安全国家标准 速冻面米制品》、GB/T 23786-2009《速冻饺子》、GB/T 28640-2012《畜禽肉冷链运输管理技术规范》、GB/T 25007-2010《速冻食品生产 HACCP 应用准则》、GB/T 27302-2008《食品安全管理体系 速冻方便食品生产企业要求》以及 GB/T 27307-2008《食品安全管理体系 速冻果蔬生产企业要求》等。这些标准对不同冷链食品的物流提出了相应的要求，速冻食品比冷藏食品有更低的冷冻温度要求范围。其中，为确保冷链的持续性，要求对冷冻车实行温度监控和记录。

其中，GB 19295-2011 根据致病菌风险评估结果，调整了沙门菌、金黄色葡萄球菌的限量规定，金黄色葡萄球菌由不得检出变为限量检出。首先，金黄色葡萄球菌本身无法引起食物中毒，食用含有少量金黄色葡萄球菌的食物，未必会导致食物中毒；其次，金黄色葡萄球菌不耐热，正常加热煮沸就可以保证杀死食物中的全部葡萄球菌，且只有当食物在温暖的条件下长时间保存，金黄色葡萄球菌才有可能在食物中大量繁殖并且产生肠毒素，导致疾病发生。故在运输、储存等过程中确保冷链完整性非常重要。

4. 消费者如何选购速冻食品，如何避免速冻食品在自己手上"断链"？

首先，购买时要到有低温冷柜的大中型超市购买。需要注意的是，不同的冷链食品对冷藏的温度要求是不同的，尤其是选购速冻食品，应查看冰柜所显示的温度是否与包装袋上标签标注的温度保持一致，是否确保在 -18 摄氏度以下。选择冰柜底部的食品，温度比上层的更稳定，存储条件更好，质量相对有保证。其次，要尽可能使速冻食品温度的波动幅度小，比如到离家最近的超市购买，尽可能最后购买速冻食品并放入保温袋中。回家后，应尽快把速冻食品放入冰箱的冷冻室等。最后，尽量选择生产日期在一个月之内的产品，越是含油脂高的食品，如饺子、汤圆等，越要注意新鲜度。

速冻水饺、汤圆以及新鲜的肉制品等应该无明显的冰块。只有在储存时间久了的食物表面才会出现较多的冰霜。若速冻食品包装袋内有较多冰屑或已变形的产品的话，可能是因断链解冻后又冻结造成的。因此，应该尽量避免选择这类速冻食品。速冻只是让食物中细菌生长进入冬眠状态，并没有杀死它们。如果运输过程中冷冻车温度失控，食物一旦经过反复冷冻，其中的细菌就难免会加剧繁殖，可能对进食者的健康造成危害。在超市取出速冻食品后应立即关闭冷冻柜的门，避免储存环境温度上升，超出规定温度的时间过长而造成冷链的"断链"。生的速冻食品，吃时应按照包装说明蒸煮。若蒸煮不充分，可能会导致细菌残留。

保障速冻食品的品质安全，除了要严把生产环节质量关，相应的运输、销售及消费环节的冷链也不能断裂，应按规范尽可能做到无缝链接，比如，运输过程中冷冻车的冷冻温度控制、消费者采购过程中随时关闭超市冷冻柜门、回家后尽快将其存储至冷冻箱等。只有确保每个环节都处于规定的冷冻温度下，才能"串起"整个速冻食品安全的"生命链"。

第四节 为何铝限屡超？

近年来，不时有媒体报道关于食品金属铝超标的新闻，国家食品安全风险评估中心公布过一份专项监测结果显示：个别食品铝含量超过国家标准的 9 倍。另据报道，专家通过近几年全国食品污染物监测网的数据和对加工食品中铝含量的专项监测，取得了 11 类食品 6 000 多份的监测数据。数据显示，我国四成儿童铝摄入量超标，铝含量较高的食品主要是面粉及其制品。

1. 什么是铝？

铝是一种银白色的轻金属，也是地壳中含量最丰富的金属元素。铝的用途广泛，它可用于制造烹饪用具、食物包装材料，还包括其他工业用途。铝的化合物如硫酸铝、磷酸铝、氢氧化铝和硅酸铝等也有多种用途，如作为食品添加剂用于食品加工，作为助凝剂用于水质处理，作为抗酸剂用于医药产品等。

2. 铝是如何进入食品中的？

自然进入：饮用水中含有铝，含量一般少于 0.2 毫克 / 升。大部分食物中亦含有铝，原因可能是铝天然存在于食物中（一般含量少于 5 毫克 / 千克）或使用铝制烹饪用具和锡纸所致。然而，使用铝制烹饪用具和锡纸以致食物中的铝含量增加，其幅度往往是微乎其微的。

人为添加：最常见的含铝添加剂是膨松剂中的明矾。膨松剂，顾名思义，就是在烹饪过程中能够产生气体，形成致密多孔的组织，从而使食品酥脆、膨松的一类物质，例如，在传统工艺中，向炸油条、炸油饼、炸虾片等油炸食品中添明矾。

3. 铝摄入过量有哪些危害?

铝元素不是人体所需的微量元素,人体对它的吸收能力也不强。因此,若长期超量摄入铝,它可以沉积在大脑、肺脏、肝脏、骨骼和睾丸等组织当中,累积到一定数量后产生慢性毒作用,引起神经系统的病变,甚至可能增加患阿尔茨海默病的风险。生长发育期的儿童如果长期大剂量地食用铝含量超标的食品,可能造成神经发育受损,从而导致智力发育障碍。过多的铝还会导致骨质疏松。此外,铝对造血系统和免疫系统也有一定毒性,还同时妨碍钙、锌、铁、镁等多种元素的吸收。

4. 我国居民铝摄入量的现状与限量标准

中国疾病预防控制中心调查显示,目前,我国居民平均每天铝的摄入量为34毫克,已经超过了儿童的承受能力。而膨化食品、软糖是当前儿童摄入铝的主要来源之一。

GB 2760-2011《食品安全国家标准 食品添加剂使用标准》中含铝食品添加剂的修订公告规定,自2014年7月1日起,禁止酸性磷酸铝钠、硅铝酸钠和辛烯基琥珀酸铝淀粉用于食品添加剂的生产、经营和使用,小麦粉及其制品(油炸面制品、面糊、裹粉、煎炸粉除外)在生产中均不得使用硫酸铝钾和硫酸铝铵。

各国对于铝摄入量的标准不一。2011年,世界卫生组织和联合国粮农组织(WHO/FAO)暂定标准为:一个60千克体重的成年人,每周摄入量为120毫克,即每天摄入量不超过17毫克。欧盟标准为:一个60千克体重的成年人,每天摄入量不超过8.57毫克。

5. 含铝量高的食品清单

2011年,我国居民铝膳食暴露评估结果显示,含铝量较高的食品有:面粉、馒头、油条,部分粉丝、凉粉、盐渍海蜇,以及部分膨化食品。

6.含铝食品的消费常识

消费者最好不吃或少吃油条、油饼、麻花、馓子和虾片等质地膨松或脆爽的油炸食品，膨化食品也要严格限量食用；尽量选择用自然发酵法或无铝膨松剂制作的馒头和糕点；吃面条、面片、粉条和凉粉等食品时，不要过分追求弹性口感，偶尔食用几次即可。此外，消费者在购买食品时应关注食品标签，尽量少吃含铝添加剂的食品。

铝对于人体有百害而无一益。要防范铝超标的危害，一方面，生产企业应加强自身的食品安全管理，严格按照国家限量标准生产；另一方面，相关监管部门应该加强监管，加速推进食品安全法的修订，为"舌尖上的安全"继续护航。最后，再次提醒消费者关注食品标签，尽量避免食用高含铝食品，提升自我保护意识。

第一节　人工美味，还是健康杀手？

对于蛋糕、冰激凌、饼干、薯条等美食，很多人都无法抗拒，尤其是孩子们。可是您是否知道，当您品尝这些美食的时候，有可能会摄入一种有害的物质——反式脂肪酸。相对于其他的食品中的有害物质，很少人知道、了解反式脂肪酸的危害。什么是反式脂肪酸？它对人类健康到底有什么样的害处？哪些食品中含有反式脂肪酸？含量多少才是安全的？

1. 什么是反式脂肪酸？它究竟是如何产生的？

反式脂肪酸，又称反式脂肪或逆态脂肪酸，是一种不饱和人造植物油脂。反式脂肪酸是脂肪酸的一种，脂肪酸分为饱和脂肪酸和不饱和脂肪酸。而在不饱和脂肪酸分子中，因双键位置的不同就会产出异构化分子。一般情况下，双键上碳原子所连的氢原子在碳原子的同一侧，为顺式脂肪酸；如果双键上碳原子所连的氢原子在碳原子的两侧，就是反式脂肪酸。

植物油在经过部分氢化处理的过程中会产生许多反式脂肪酸。人类食用的反式脂肪酸主要来自经过部分氢化的植物油。氢化植物油与普通植物油相比更加稳定，可以使食品外观更好看，口感更松软，与动物油相比价格更低廉。

2. 反式脂肪酸的分类有哪些？

反式脂肪酸可分为两类：一类是天然的，就是牛羊肉和牛羊奶中的反式脂肪酸，含量不高，且经研究证明没有什么危害，所以，牛羊肉、纯牛奶和纯奶酪是可以安全食用的；另一类是人工制造的，通常是在油脂的加工和烹调当中产生的反式脂肪酸，它的坏处已经有充足证据。

人工制造的反式脂肪酸又分为两类，即有意生产出来的和无意中生产出来的。"有意生产"的反式脂肪酸氢化技术可以人工控制产品的软硬度，可以让液体的大豆油变成猪油或黄油的硬度，甚至是石头的硬度。这些产品还可以与其他配料调配在一起，做成种种口味迷人的食品原料。另一类"无意生产出来的"反式脂肪酸，是在油脂的加工或烹调过程中产生的。只要是液态的油脂，都富含各种"不饱和脂肪酸"。用180摄氏度以上的温度长时间加热，比如油炸、油煎等，容易产生反式脂肪酸。加热的时间越长，产生的反式脂肪酸就越多。

3. 那么反式脂肪酸到底对人体有哪些危害呢？

反式脂肪酸和其他可在饮食中摄取的脂肪不同，它对健康无益处，也不是人体所需要的营养素，很难被人体接受、消化，容易导致生理功能出现多重障碍，是一种完全由人类制造出来的食品添加剂，实际上，它也是人类健康的"杀手"，主要表现在降低记忆力，容易发胖，易引发冠心病。

反式脂肪酸还容易形成血栓，影响生长发育，影响男性生育能力，也有研究显示，反式脂肪酸可能与癌症有关，目前还在研究探索当中。

4. 反式脂肪酸都存在于哪些产品中呢？很多人会关心反式脂肪酸摄入量有没有标准？

易存在于酥脆饼干、曲奇、蛋挞、派、各种休闲点心、各种酥香面点、各种煎炸食品、起酥面包、巧克力布丁、巧克力热饮、巧克力酱、植物奶油、冰激凌、奶茶、巧克力糖、奶油糖果、兑咖啡用的"奶"、装饰在蛋糕顶上的"鲜奶"、各种速冲香甜糊粉等，甚至存在于某些能冲出浓汤的粉状汤料中。

GB 28050-2011《预包装食品营养标签通则》中规定每天摄入反式脂肪酸不应超过 2.2 克。作为消费者来说，要想弄清楚氢化油可并不是一件很容易的事。要仔细看食品包装上的配料表，如果上面没有写氢化油，那么是不是写了精炼植物油、人造奶油、食用氢化油、氢化植物油等。这些令人眼花缭乱的名称，都要求标注反式脂肪酸的含量。所以，消费者应关注食品营养标签了解相关信息。

2013 年，我国已明确要求在食品标签上明示反式脂肪酸的含量，走出这一步，至少给消费者以知情权。如何把控好美味与健康的关系，抉择权移交到了消费者自己的手中。

第二节　鱼与熊掌不可兼得

很多人喜爱油炸食品，因为其味道鲜美松脆。但在美食背后，因高温烹饪所产生的丙烯酰胺（一种致癌物质），却始终在提醒贪恋美味的人们，慎食！少食！禁食！高温油炸食物中含有丙烯酰胺，这已不是什么新闻，早在 2002 年就有这方面的研究报道。那么，丙烯酰胺到底为何物？哪些食物中含有丙烯酰胺？它是怎么产生的？对人体的伤害到底有多少？我们必须远离高温油炸美食吗？

1. 高温油炸后产生的丙烯酰胺到底是什么物质？

丙烯酰胺是一种白色的化学物质，一种不饱和酰胺。人体的消化道、呼吸道、皮肤黏膜等都可以间接接触到丙烯酰胺，饮水是其中的一条重要接触途径。淀粉类食品在高温（120 摄氏度以上）烹饪下容易产生丙烯酰胺，如炸薯条、炸土豆片等，其含量超过饮水中允许最大限量的 500 多倍。世界卫生组织（WHO）将水中的丙烯酰胺含量限定为 1 微克／升。

2. 到底哪些油炸食物容易产生丙烯酰胺？

丙烯酰胺通常存在于高温油炸食品的化合物中。在高温油炸烹饪过程中，食物中的天门冬酰胺和还原糖会产生丙烯酰胺。尤其是马铃薯和谷类食物，会产生较多的丙烯酰胺。

3. 油炸食品中的丙烯酰胺是怎么产生的？

丙烯酰胺主要在高碳水化合物、低蛋白质的植物性食物加热（120 摄氏度以上）烹饪过程中形成。140~180 摄氏度为生成的最佳温度。一般在食品加工前检测不到丙烯酰胺，在加工温度较低（如用水煮）时，丙烯酰胺的含量相当低。同时，食物中水含量也是影响其形成的重要因素，特别是采用烧烤、油炸加工，在其烹饪的最后阶段，由于食物水分减少、表面温度不断升高，丙烯酰胺形成量就更高。

丙烯酰胺的产生既与食物的烹饪方式有关，同时又与烹饪过程中的温度、时间和水分等因素有关。中国疾病预防控制中心营养与食品安全研究所研究发现：谷物类油炸食品丙烯酰胺的平均含量为 0.15 毫克 / 千克，最高含量为 0.66 毫克 / 千克；谷物类烘烤食品的平均量为 0.13 毫克 / 千克，最高含量为 0.59 毫克 / 千克。

4. 丙烯酰胺对人体的危害有多大呢？

丙烯酰胺对人体的危害主要体现在其致癌性。丙烯酰胺是 2 类致癌物，在动物和人体均可代谢转化为致癌活性代谢产物——环氧丙酰胺。人们经常食用高温油炸食品会增加其致癌性，危害身体健康。有研究显示，长期低剂量接触丙烯酰胺的人会出现嗜睡、情绪和记忆改变、幻觉和震颤等症状，并伴有出汗、肌肉无力等末梢神经病症。

目前，国外有丙烯酰胺对动物的毒性数据，对人体的数据还没有。据悉，国内有对人的数据，可靠性不详。丙烯酰胺是一种水溶性高分子聚合物，它具有中度毒性，如果人体接触多了，中毒的概率就回大大增加，中毒后的症状是出现红斑、脱皮、眩晕、四肢无力、神经损伤等。

5. 在尚未对丙烯酰胺含量作出相应规定的情况下，该如何监管？

目前，在国内外，的确还没有法律法规来规定丙烯酰胺的含量，这是未来的一个关注点。建议政府加大对丙烯酰胺的监测和控制力度，尽快把对丙烯酰胺的监测和规定加入到食品安全法中，对食品行业进行规范，加强食品安全监管监测工作。

6. 虽然丙烯酰胺有那么多危害，但是与苏丹红事件不同，丙烯酰胺并非在食品生产加工过程中添加进去的，那我们平时应该多注意哪些方面才能避免摄入丙烯酰胺呢？

要防止丙烯酰胺的摄入，首先要尽量避免过度烹饪食物，但应保证做熟，以确保杀灭食品中的微生物，避免导致食源性疾病。同时我们要大力提倡饮食均衡，减少甚至不吃油炸和高脂肪类食品，多吃水果和蔬菜。

同时，我国也应加强对膳食中丙烯酰胺的监测与控制，开展我国人群丙烯酰胺的暴露评估，建立食品中丙烯酰胺的暴露值，研究和制定减少食品中丙烯酰胺形成的加工烹饪规范。

当美味的诱惑与健康"对立"时，感性常常让人们纠结其间。因为食品不像毒药的毒性立竿见影，故人们常有侥幸的心理——偶尔吃一点点没关系的，而在不知不觉中形成一种嗜好，最终影响健康。因此，希望消费者能理性饮食，也希望相关部门能尽早完善此类食品的安全评估，用标准化来提升此类烹饪食品的安全品质，让美味与健康共存！

第三节 隐形的工业"砒霜"

近些年来，重庆火锅"石蜡事件"、方便粉丝和一些劣质桶装方便面（桶壁）中都被查出过含有石蜡，甚至一些方便筷子和纸杯中也能发现工业石蜡的存在。那么，"石蜡事件"中的石蜡究竟是什么物质？工业石蜡又是什么？其主要用途有哪些？为什么食品中会非法添加工业石蜡？对人体健康又会有哪些危害？

1. 事件中提及何为石蜡？有何性质？一般用于哪些领域？

这些事件中涉及的有工业石蜡和食用级石蜡。其中，工业石蜡是指从石油当中直接提取而成的粗制石蜡，未经过高度精炼，一般为白色，无臭无味。黏附性和柔韧性较高，广泛用于防潮、防水的包装纸、纸板、某些纺织品的表面涂层和蜡烛生产。也有用于皮革生产中，可以增加其光泽感等。

食品级石蜡是以含油蜡为原料，经发汗或溶剂脱油，再经加氢精制或白土精制所得到的。按用途分为食品石蜡和食品包装石蜡。食品石蜡适用于食品和药物组分的脱模、压片、打光等直接接触食品和药物的用蜡以及食品的添加组分。食品包装石蜡适用于与食品接触的容器、包装材料的浸渍用蜡，以及药物封口和涂敷用蜡。

2. 既然是食用级石蜡，为何粉丝、方便面等食品中多次被爆是非法添加呢?

虽然是食品级，但真的要添加到食品中，还是有严格的范围要求。如食用级中的食用包装石蜡只能用于食品接触的容器等而不能添加食品中。故，一些不法商家无知，或是为了降低成本，将包装用蜡加入食品中，那也是非法的。

重庆火锅之所以出现石蜡事件，原因在于，其底料是以牛油为主份的，随着气温的降低，就会发硬，因此用手摸起来越硬，牛油就越多。有的底料加工厂为节省成本，用石蜡充当凝固剂，蜡价格并不比牛油低，但添加500克石蜡抵得上添加5千克牛油。

在粉丝等食品中加入石蜡，是为替代食用油而减少生产成本;添加石蜡，可以增加瓜子色泽、增加栗子色泽，因此当一些糖炒栗子积压已久且颜色暗淡，不法商家就会为其打蜡，以次充好。一些不法商家还会在食品用品上做文章，如，为增加一次性筷子的光滑手感，一些一次性筷子的黑作坊甚至使用工业石蜡给一次性筷子进行处理。这些事件中大多是食用石蜡超标准范围添加问题。

3. 食品中非法添加的石蜡对人体的危害有哪些?

由于工业石蜡一般是从石油中分离提取，含有多环芳烃、稠环芳烃、铅和砷等重金属杂质，前两种物质均为强致癌物。如果此类石蜡进入人体，其分解出的低分子化合物会对人的呼吸道、肠胃系统造成影响，有些物质还会在人体内蓄积，造成长期的慢性危害。重金属铅摄入过多会提高我们人体的血铅水平，降低我们的智商。砷，是三氧化二砷也就是俗称的"砒霜"，有剧毒。

食品中除了胶基糖果中石蜡可以直接加在食品中，其他都不允许加入食品中，而是作为被膜剂、脱模剂可用于新鲜水果表面处理等。一般情况下人不会一次摄入大量的食用蜡，少量对人体不会造成危害。若过多摄入会对人体排毒和分解器官如肝脏等造成负担过重，影响健康。

4. 应当如何选购易非法添加工业石蜡的食品？

有的西瓜子又黑又亮，嗑得多了感觉嗓子疼，这就有可能是商贩在瓜子上作过文章，加入了石蜡以增加光泽，因此在选购炒制瓜子时，又黑又亮的"美容瓜子"，那么消费者在选购时要注意。

此外，一些大米也是看上去透明白净、粒大饱满，"卖相"很好，但是用手摸一摸，感觉光滑油腻，闻起来有一股近似凡士林的油味；这就可能是加了石蜡的大米，选购时一定要先看，大米的色泽是否发亮，正常大米色泽度不高；其次是摸，正常大米没有油腻感；再次是嗅，正常大米有米的香气，有毒大米有蜡油的香气。最后，还可以将大米放入温水中浸泡，表面浑浊，证明不会有毒，如果水很清澈，且有油花，那么非常可能是加石蜡的大米。

那些加了石蜡的糖炒栗子刚出炉时栗壳鲜亮有油光，甚至会反光，凉了则会泛白。如果放到清水里，会有油状物漂浮，长时间放置后也不会褪去色泽，那就要谨慎食用了。

5. 涉及国家标准

涉及相关的标准：GB 2760–2014《食品安全国家标准 食品添加剂使用标准》、GB 7189–2010《食品级石蜡》等。

6. 面对非法添加工业石蜡的情况，相关部门采取了哪些措施？

我国明确禁止在食品生产加工中添加和使用工业石蜡。对于那些非法添加工业石蜡的加工厂，相关部门严厉查处，多个加工点相继被端。同时，在平时加强了突击检查，以尽早打击不法商家的非法行为。

另外，应当加强对于一些小作坊、小商贩的食品安全知识和食品法律意识的教育与宣传。在打击严惩不法商贩的同时，也适时开通了与群众的联系，鼓励居民群众对异常经营的商贩摊点进行举报，配合相关部门打压，维护消费者自身的权益。

第一节　拯救"健美猪"

前不久，猪肉价格的突然暴涨，不由得让我们想起了"瘦肉精"猪肉"风靡"的那个时代。人们把"瘦肉精"当作减肥药，用它来打造"健美猪"。这个看似诱人的名字到底是什么？从哪里来？有什么危害？我们如何防止或降低它的污染和危害来确保自身的安全呢？

1. 人们通常在选择猪肉的时候，喜欢挑瘦的。市场上曾一度认为瘦猪肉品质高，也是运动员食用猪肉的首选，销量不错。直至曝光了河南"瘦肉精"事件，人们对瘦猪肉好感急转直下，敬而远之。那么，"瘦肉精"到底是一种什么物质呢？

这里我们所说的"瘦肉精"，是指曾经被作为促进家禽瘦肉生长的饲料添加剂之一——盐酸克伦特罗，它也曾用于治疗支气管哮喘，后来由于其副作用太大而被禁用。

它其实是一种肾上腺类神经兴奋剂，原先曾在家禽养殖过程中被使用，能够提高家禽的瘦肉率，缩短家禽的生长周期。

2. 这种"瘦肉精"对人体有什么危害呢？它从哪里来？食用了"瘦肉精"猪肉，会产生什么危害？

为了明显提高猪肉的瘦肉率，需要把"瘦肉精"添加剂量达到人体药用剂量的 10 倍以上。前段时间已经发生了多起"瘦肉精"事件，如，北京奥运会前，有多位运动员因"瘦肉精"

尿检阳性，而被禁止参赛。由于他们在不知情的情况下摄入了含有"瘦肉精"的肉制品，成为"瘦肉精"的无辜受害者。还有河南和双汇"瘦肉精"事件等。

盐酸克伦特罗是一种非蛋白质激素，如果在生猪养殖过程中当作饲料添加剂，极容易在猪体组织中形成残留，例如在猪的肝脏部分残留较高。"瘦肉精"代谢缓慢，如果使用剂量大，在屠宰至上市的整个流程中，猪肉内残留的"瘦肉精"量也会很大。人若食用了这类"瘦肉精"猪肉，也会在人体内积蓄此物质，直接危害人体健康。临床表现为：心慌、寒战、头疼、恶心或呕吐等症状，特别是对高血压、心脏病、甲亢和前列腺肥大等疾病患者危害更大，严重的可导致死亡。

3. "瘦肉精"有那么多危害，我们平时购买时，应该怎么辨别"瘦肉精"猪肉呢？它与其他瘦猪肉有什么区别呢？

首先我们可以看猪肉脂肪。一般"瘦肉精"猪肉的瘦肉色异常鲜艳，当切开猪肉大约二三指宽时，可以看到其皮下脂肪明显较薄且猪肉比较软，这很可能就是"瘦肉精"猪肉了。建议购买时一定要看清该猪肉是否盖有检疫印章和有检疫合格证明。

其次，观察瘦肉的色泽。含有"瘦肉精"猪肉的瘦肉肉色较深，呈鲜红色。其纤维比较疏松，时有少量"汗水"渗出肉面。一般不含"瘦肉精"瘦肉是淡红色，肉质弹性好。建议选购有品牌的大企业猪肉产品，尤其不要购买集贸市场的猪肝等内脏。如果猪食用过"瘦肉精"，这些部位的残留含量会很高。

4. 监管方面如何开展有效治理？

监管方面，在生产过程中我们可以通过对"瘦肉精"进行检测、控制关键点来进行有效的管理，即建立危害分析和关键控制点（HACCP）体系。从源头开始严格控制每个可能被污染的环节。在HACCP管理体系原则指导下，将食品安全贯穿于整个生产过程中，而不是传统意义上的最终产品检测。

同时，应该加强市场监管和打击力度。2002年，农业部会同卫生部和国家食品药品监督管理局联合出台了《禁止在饲料和动物饮用水中使用的药品目录》，将"瘦肉精"列为禁用药品，并在《药品管理法》及其配套规章中明确规定，任何单位和个人不得将盐酸克伦特罗出售给非医疗机构和个人。但是，"瘦肉精"涉及药品生产流通、饲料生产、养猪场户、屠宰企业和消费市场等各个环节，每一个环节如果监管不严，都将可能出现我们不想看到的一幕。

目前我国养猪产业集中度低，监管成本较高。国家现有的政策要求对生猪有一定比例的抽检，就我国现在的国情而言，虽然规模养猪场有很多，但是有一大部分生猪供应来自于散户猪农，其监管难度大，抽检率不高，导致抽检对象都集中于养殖场，而对于散户猪农的监管形成了真空带。所以，针对"瘦肉精"的危害需要定期进行宣传，并组织相关的饲养培训。

对于我国的食品安全，如果从长远方面治理，应整合一下产业链。针对消费者对瘦肉的偏好，可以从科技方面加强对瘦肉型生猪品种和饲养方式的研究，从而迎合消费者的需求。尽快建立健全切实可行的监管制度，对食品监管机构进行有效的整合。遏制地方保护主义，从田间到餐桌都应该进行全面的监管，并及时进行管理反馈，切实保护消费者的食用安全。现在网络很发达，可以建立网络监管，及时发现及时处理。对于现行的食品监管，应该构建政府管理为主、社会监督为辅和全社会共同参与的全方位监管网络。

消费者为健康而购买瘦猪肉，猪农为了迎合这个需求而饲养瘦肉猪，这些都无可厚非。但某些散户猪农使用非法的"瘦肉精"来达到此目的，非但不能将猪打造成"健美猪"，反而喂出一个个病态的"西施猪"，其后果可想而知。迎合消费心理，乃生产者成功之必备，但某些散户猪农不能守住食品安全这个底限，不以科学的方法来提升猪肉品质，损害的是消费者的健康，最终将会失去市场。

第二节　秒变"牛肉"的背后

前几年，安徽工商部门曾经查获一种名为"牛肉膏"的添加剂，使用它之后，只需 90 分钟就能让猪肉变成"牛肉"。紧接着全国多个地方也曝出不法商贩暗地使用这种添加剂把猪肉制成"牛肉"的现象。"牛肉膏"到底是一种什么物质？如此添加，对人体有无安全隐患？我们在日常生活中应该如何避免此类添加剂非法使用后对人体造成的伤害？

1. 2011 年,全国多个地方曝出一些不法商贩暗地用"牛肉膏"把猪肉制成"牛肉"的现象。"牛肉膏"到底是一种什么物质? 它的主要作用有哪些?

市场上销售的牛肉膏又称牛肉浸膏或牛肉精膏，一般有两种：一种是完全以牛肉或者牛骨经过熬煮、熬制，从中得到肉或骨类提取物，再添加牛肉香精和食用盐配置而成的，具有浓郁的牛肉自然香味，易溶于水，水溶液呈淡黄色；另一种是采用各种氨基酸、稳定剂和牛肉香精等混合制成的复合牛肉香精，其主要作用是增香提味，被添加后牛肉香味更浓或非牛肉食品具有了"牛肉香味"。

在 QB/T 2640-2004《咸味食品香精》中对咸味食品香精的定义是"由热反应香料、食品香料化合物、香辛料（或其提取物）等香味成分中的一种或多种与食用载体和 / 或其他食品添加剂构成的混合物，用于咸味食品的加香"。故这里的牛肉香精属于咸味食品香精。这类复合食用香精，已广泛应用于汤料、肉制品、风味饼干、膨化食品、方便面调料等。只要生产者证照齐全，产品合格，并严格按照国家规定的使用范围和标准添加使用，适量食用对人体健康也是无害的。

2. 牛肉膏增加猪肉的香味，为什么是非法添加？

市场上出现的"挂牛头、卖猪肉"的销售行为，首先是违反了 GB 2760-2014《食品安全国家标准 食品添加剂使用标准》中所提出的使用原则，即不应掩盖食品本身或加工过程中的质量缺陷或以掺杂、伪造为目的而使用食品添加剂、不应降低食品本身的营养价值的条款。

在此事件中造假者为了追逐利润，采用低价格的猪肉当牛肉销售，而未向消费者明示出售的是牛肉味猪肉，则属于商业欺诈；若生产商或销售商是为了掩盖劣质肉异味和其他肉类或内脏造假，如腐败或病死猪肉等，除了假冒伪劣外，还存在严重的安全隐患。

3. 若是掩盖劣质肉为目的添加方式会对人体健康有哪些安全隐患？

用感染了沙门氏菌、金黄色葡萄球菌、大肠杆菌、肉毒梭状芽孢杆菌、副溶血性弧菌蜡状芽孢杆菌和黄曲霉素等的腐败或病死牛肉、猪肉加工肉类，由于有些毒素难以通过加热消除，这将有可能导致消费者因食物中毒而危及生命，应引起警惕。

如病死猪的肉会产生细菌毒素，其中外毒素毒性较强，能引起特殊的病变和症状，如呕吐、腹泻和肺水肿等；内毒素可引起发热、白细胞增多等。真菌毒素中，黄曲霉毒素是自然界中强毒素之一,且强致癌,非常耐热,一般烹调加工无法破坏。若是采用内脏,则对于心血管疾病的人来说,胆固醇含量会大大增加而加重病情。

4. 如何鉴别真假牛肉和劣质肉?

对于市场上销售的生牛肉,特别是腌制调味过的牛肉,消费者可从色、香、味、弹性等组织结构的多个方面进行初步鉴别。一般情况下,正常的生牛肉呈鲜红色,而用牛肉膏制成的假牛肉呈深红色;正常的生牛肉闻起来有一股淡淡的膻味儿,而用牛肉膏制成的假生牛肉有一股浓重醇香的熟牛肉味,若是劣质、腐败的肉,虽然被香料掩盖,但仔细闻还是存在血腥味、腐臭等异味。

正常的牛肉含脂肪较少,因此手感不油腻,而假牛肉若是用猪肉做成的话,其脂肪的含量较高,手感腻滑;买肉时要看横切面,一般猪肉的纤维又细又松,牛肉的纤维又粗又紧;正常的牛肉十分有弹性,而假牛肉的弹性稍差一些;正常牛肉的纤维较粗,很有嚼头,而假牛肉的纤维较细,很容易咀嚼。变质猪肉由于自身被分解严重,组织失去原有的弹性而出现不同程度的腐烂,用指头按压后凹陷,不但不能复原,有时手指还可以把肉刺穿。

5. 如何合法使用"牛肉膏"之类的咸味食品香精呢?

作为一种复合增香剂,就像羊肉膏卖给烧烤店一样,"牛肉膏"已成为一些面馆、大排档等路边摊以及熟食店的"座上客"。熟食店使用它可以让牛肉更加美味,色泽、香味更浓,增加其销售量;有些生产商使用此添加剂,是为了一些不可食用牛肉类食物的人群,但希望享受这类风味食物的,提供替代品时添加,如牛肉味饼干、牛肉风味豆制品、牛肉风味面等,并有标签或产品名称上明示方式告知消费者。

由于暴利的驱动,有人弄虚作假,利用牛肉膏把猪肉变成牛肉出售,这是生产经营者道德和诚信问题,不应该将责任放到"牛肉膏"的生产企业身上,更不是"牛肉膏"产品本身会产生安全隐患的问题。

　　添加食用复合香料和香精是长时间保存香味或产品增香的一种有效手段。生产商可以以此来满足不同消费人群的需求，但前提是必须充分保障消费者的知情权，通过标签等形式告知消费者销售食品的真实性，让消费者根据实际需求选择安全且物有所值的产品，不能"挂牛头，卖猪肉"、用欺骗的手段来牟利。只有通过品质诚信、科学管理，最后才能真正赢得市场。

第三节　远离李斯特菌

有报道称，丹麦肉类因受李斯特菌污染，近一年内已有 20 人受到感染，其中 12 人死亡。奶酪、鸡柳、鸡蛋、肉酱及猪舌受污染事件在各国也有相继的报道，一时人心惶惶。导致此类中毒事件的罪魁祸首是一种名为"李斯特"的细菌。李斯特菌到底是什么菌？它主要存在于哪些食品中？对人体有哪些危害？我们又该如何避免食用被该病菌污染的食品，以保障自身健康呢？

1. 李斯特菌究竟是什么菌呢？

20 世纪 20 年代，Murray 等科学家从病死的兔子中首次发现了李斯特菌，并为纪念近代外科消毒法创始人、外科医师约瑟夫·李斯特，将此菌命名为李斯特菌。目前，共有 7 株李斯特菌菌株被国际公认，其中唯一能引起人类疾病的是单核细胞增生李斯特菌（Listeria monocytogenes）（以下简称"单增李斯特菌"）。单增李斯特菌是一种常见的土壤腐生菌，以死亡的和正在腐烂的有机物为食。它也是某些食物（主要是鲜奶产品）的污染物，是一种人畜共患的病原菌。

单增李斯特菌属于革兰氏阴性菌，虽然与大肠杆菌和沙门氏菌一样，是常见的致病菌，但比沙门氏菌和某些大肠杆菌更为致命。美国历史上曾发生过多起该病菌中毒事件。1985年，52人死于食用受该病菌污染的软干酪。1998年，21人因食用受它污染的热狗等肉类熟食死亡。据统计，在美国受该病菌感染后的致死率达20%。

2. 单增李斯特菌有什么特点？主要存在于哪些食品中？

单增李斯特菌具有以下几个特点：（1）分布广。该病菌在环境中无处不在，存在于土壤、水域（地表水、污水、废水）、昆虫、植物、蔬菜、鱼、鸟、野生动物和家禽中，并且在绝大多数食品中都能找到该病菌；（2）生存环境可塑性大。能在2~42摄氏度下生存（有报道称，0摄氏度环境下它也能缓慢生长和繁殖），故它是存在于冷藏食品中威胁人类健康的主要病原菌之一；（3）它在酸碱性条件下都适应；（4）带菌较高的食品主要有牛奶和乳制品、肉类（特别是牛肉）、蔬菜、沙拉、海产品和冰激凌等。

世界卫生组织在单增李斯特菌的食品中毒报告中指出，4%~8%的水产品、5%~10%的乳及乳制品、30%以上的家禽有被该病菌污染的历史。我国食品中病原微生物监测数据显示，在各地区不同种类的食品中，也有不同程度的单增李斯特菌污染，其中生肉中检出率较高。单增李斯特菌通常在过期速食、黄油、冻肉和奶酪上蔓延滋长。美国每年有大约800例由它引起的病例，大多数是因为食用了上述食品，而农产品本身一般不是使人染病的元凶。

3. 食用了被单增李斯特菌污染的食品后，会产生哪些症状呢？哪些人易感染该病菌？

一旦感染了该病菌，轻则出现发热、肌肉疼痛、恶心或腹泻等症状；重则出现头痛、颈部僵硬、身体失衡或痉挛等症状。受感染的孕妇可能出现早产、流产甚至死产。有的婴儿虽然顺利出生，但其健康也可能受到影响。健康人群感染该病菌后，通常病情轻微，通过服用抗生素和／或消炎药就能治愈。老年人、孕妇和慢性病患者等免疫力较差的人群最易受到感染，且感染后病情会较重，易引发脑膜炎或败血症等疾病。在此次的美国香瓜污染事件中，死者大多为年长者。

单增李斯特菌进入人体后是否致病，与病菌的数量和宿主的年龄以及免疫状态有关。因为该病菌是一种细胞内寄生菌，宿主对它的清除主要靠细胞免疫功能，因此，易感染者大都为新生儿、孕妇、40岁以上的成人及免疫功能缺陷者。感染该病菌的人一般不会迅速发病，其潜伏期为1~8周不等。

4. 我们在日常生活中该注意哪些事项，以避免感染该病菌？

单增李斯特菌在有些传统杀菌方式中能存活，热处理可以杀灭竞争性细菌群，使该病菌在没有竞争的环境条件下继续存活，所以在食品加工中，被加工食物的中心温度必须达到70摄氏度，并持续2分钟以上才能将其杀死。单增李斯特菌在自然界中广泛存在，故即使产品经过热加工处理，充分消灭了它，但还有可能造成产品的二次污染，因此，防止二次污染不可忽视。由于该病菌在4摄氏度下仍然能生长繁殖，为此在生产过程、餐饮业及日常生活中，应谨慎处理未加热的冰箱食品（如生鱼片之类的海鲜，专业酒店都会将其存放于–40摄氏度左右的大型冰柜中，以确保杀灭寄生虫及防止病菌感染）。

在日常生活中，应尽量避免生吃鱼肉、牛肉和蔬菜，禁食腐烂变质食品，生食瓜果应洗净，冰箱食品的储存应生熟食分开；避免在冰箱内长时间存放食物；避免饮用生牛奶或食用生牛奶制成的食品；软乳酪（如羊乳酪和白软干酪）易变质，更需要关注其保质期和保存条件；在处理完未煮熟的食物后，要将手、刀和砧板洗干净；存放冰箱的食品，食用前应高温充分加热，温度必须达到70摄氏度并持续2分钟以上；开封后的食品应及时吃完。曾有报道称，因食用了开封后未及时用完的食品而引起的中毒事件约占 85%～90%。人们只要在平常生活中注意饮食卫生，一般不会感染该致病菌。因此，大家对该病菌也不必过于惶恐。

5. 有没有相关的标准来监测单增李斯特菌呢？

我国从 2001 年开始监测李斯特菌，根据以往的监测数据，这种病菌在我国的致病率很低。这可能是因为我国一般都吃熟食，相对来说，就不那么容易感染。尽管如此，个人及家庭平时要注意通过具体的预防措施加以防范。目前，检测李斯特菌的相关国内标准有 GB 4789.30–2010《食品安全国家标准 食品微生物学检验 单核细胞增生李斯特菌检验》和 SN/T 2552.12–2010《乳及乳制品卫生微生物学检验方法第 12 部分：单核细胞增生李斯特菌检测与计数》等。

我国的饮食习惯虽然是以熟食为主，但喜好各类生鲜食品独特的风味和口感者也不在少数。故需要大家更加关注生鲜食品冷链环节的控制。否则，一切生鲜和其他营养食品带来的不是美味的享受和健康营养的补充，而是灾难。

第四节 "世纪之毒"二噁英

2010 年年底，据报道，德国北威州养鸡场曝出饲料遭二噁英污染，其他州相继发现受污染饲料。德国农业部在 2011 年 1 月 7 日宣布临时关闭 4 700 多家农场，禁止受污染农场生产的肉类和蛋类产品出售。号称"世界上毒性之最"的污染物——二噁英，令人闻风丧胆。二噁英到底是何种物质？它有哪些性质？究竟对人体有多大危害？生活中该如何减少它对人体与环境的危害？

1. 何谓二噁英？它究竟有哪些危害？

二噁英是一种含氯的强毒性有机化学物质，在自然界中几乎不存在，只有通过化学合成才能产生，是目前人类创造的最可怕的化学物质，被称为"地球上毒性最强的毒物"。二噁英性质稳定，在人体内降解缓慢，主要蓄积在脂肪组织中。

自然界的微生物和水解作用对二噁英的分子结构影响较小，因此，环境中的二噁英很难自然降解消除。它的毒性十分大，是砒霜的 900 倍，有"世纪之毒"

之称。二噁英可以损害多种器官和系统，因为其本身具有化学稳定性并易于被脂肪组织吸收，一旦进入人体，就会长久驻留，具有致癌性。因此它还被称为是持久性的有机污染物，30 年前撒过的农药，可能到今天还能被检测出二噁英。

2. 二噁英是如何进入食品领域的?

空气、水、土壤受到污染后，二噁英通过食物链进入人体内，因此人体接触的二噁英 90% 来自膳食，保护食品供应体系的安全至关重要。理论上讲，将肉削去脂肪和采用低脂奶粉可以减少二噁英的摄入，注意膳食平衡，适当增加蔬菜、水果和谷物摄入量也可相应减少动物性脂肪的摄入量。另外，公众自身减少二噁英摄入量的能力毕竟有限，政府应当采取行动保护食品供应系统。

含二噁英类物质的农药随着雨水流入河川，汇入大海；垃圾焚烧炉焚烧排放出的二噁英落入附近的土地，又随雨水流入海里；工厂排放出的污水，也通过同样的途径进入海里；由于二噁英在生物体内集聚能力较强，危害便随着生物链逐步放大，特别是一些脂肪含量高的鱼类和吃小鱼的大型鱼类，其体内往往积蓄着较高含量的二噁英。正是由于二噁英具有脂溶性的特点，因此在乳汁、脂肪中含量较多，这就在一定程度上引发了食品安全问题，如：在饲料中含有二噁英，会进而引起家禽类等产品的二恶噁英污染，同样也会给乳产品业带来安全问题。

3. 二噁英对人体会产生怎样的危害?

人类短期接触高剂量的二噁英，可能导致皮肤损害，如氯痤疮和皮肤色斑，还可能改变肝脏功能。长期接触则会牵涉到免疫系统、发育中的神经系统、内分泌系统以及生殖功能的损害。慢性接触二噁英可导致多种类型的癌症。二噁英有明显的免疫毒性，可引起动物胸腺萎缩、细胞免疫与体液免疫功能降低等。受二噁英染毒的动物可出现肝脏肿大、实质细胞增生与肥大，严重时发生变性和坏死。

二噁英能够严重损害神经系统和其他器官，例如，二噁英是环境内分泌干扰物的代表，会干扰机体的内分泌，产生广泛的健康影响；二噁英能引起雌性动物卵巢功能障碍，抑制雌激素的作用，使雌性动物不孕、胎仔减少、流产等；二噁英还能引起皮肤损害，可观察到皮肤过度角化、色素沉着等的发生。

4. 降低二噁英对食品的污染，是否有相应的控制标准？

相关标准有由环保部与国家质量监督检验检疫总局联合发布的 GB 20891–2014《非道路移动机械用柴油机排气污染物排放限值及测量方法（中国第三、四阶段）》、GB 13271–2014《锅炉大气污染物排放标准》、GB 18485–2014《生活垃圾焚烧污染控制标准》、GB 30770–2014《锡、锑、汞工业污染物排放标准》、GB 5009.205–2013《食品安全国家标准 食品中二噁英及其类似物毒性当量的测定》。其中，GB 18485–2014 将二噁英排放标准定为 0.1ng–TEQ/Nm3。

5. 如何减少食品中二噁英对人体的危害？

人类接触二噁英，90%以上是通过食品，其中主要是肉制品、乳制品、鱼类和贝类。因此，保护食品供应是关键。其中一种方法就是瞄准源头措施，以降低二噁英的排放；还需要避免在食品链中对食品形成二次污染；初级生产、加工、分发和销售中应达到良好的控制与操作，对食品安全必须建立食品污染监测体系来确保二噁英不超过允许的含量水平；应制订在怀疑发生污染时确定、阻止、处理被污染饲料和食品的应急计划；应检查接触人员的暴露情况（如检测血液或母乳中的污染物含量）及影响（如通过临床观察了解症状）。

消费者一方面可除去肉类及肉类制品中的脂肪，避免过多使用动物性脂肪烹调，可以降低对二噁英化合物的接触；另一方面，采用烘烤等能够降低食物中脂肪含量的烹调方法，但要确保食物都烧熟；另外，消费者应该保持均衡的饮食，包括摄入适量的水果、蔬菜和谷物，将有助于避免从单一来源摄入过量二噁英，同时，还应尽量避免因嗜食某种食品而在无意中摄入过量的化学污染物质。

第一节　"起死回生"的变质海鲜

　　一些看上去外表鲜亮的海鲜,竟然是用"药水"浸泡出来的。一些不法商贩为了保鲜和追求良好的外观,用化工产品对海鲜进行"驻颜":"焦亚"可以泡出鲜亮虾仁;苯甲酸钠可以让臭鱼烂虾"永葆青春";甲醛能让变质乌贼"起死回生"……更令人惊讶的是,水产品市场旁的店铺里,就能随意买到给海鲜"驻颜"的化工产品——甲醛。

　　1. 现在市面上的海鲜看上去都很新鲜,有光泽,但买回去之后,往往会发现有异味,表面也暗淡下来,出现腐败的迹象,这是什么原因呢?

　　这可能是海鲜曾被浸泡在福尔马林中。

　　福尔马林,也就是35%~40%的甲醛水溶液。拿乌贼来说,市场上的乌贼类软体海鲜,为啥看上去都十分饱满、光鲜,而顾客买回家的此类海鲜，放上几个小时，颜色就会变得暗淡，"肚子"还会干瘪下来。放置时间再一长，表层的黏膜还会破碎甚至腐烂。要了解原因，我们还要来认识一下甲醛。

2. 甲醛是什么物质？主要有哪些用途？

甲醛是一种无色，有强烈刺激性气味的气体。易溶于水、醇和醚。甲醛在常温下是气态，通常以水溶液形式出现。35%~40% 的甲醛水溶液就是我们所熟知的福尔马林。

甲醛属生产工艺简单、原料供应充足的大众化工产品，是甲醇下游产品中的主干。甲醇的世界年产量约为 2.5×10^7 吨（1 吨 =1 000 千克），其 30% 左右都用来生产甲醛。甲醛的用途非常广泛，合成树脂、表面活性剂、塑料、橡胶、皮革、造纸、染料、药品、农药、照相胶片、炸药、建筑材料等的生产，以及消毒、熏蒸和防腐过程中均要用到甲醛。福尔马林具有杀菌、防腐和漂白的能力，可浸制生物标本，其稀溶液（0.1%~0.5%）在农业上可用来浸种，给种子消毒。可以说，甲醛是化学工业中的"多面手"。但任何添加剂的使用都必须遵循标准（其中包括使用范围），一旦使用超越了标准限量或范围，就会带来不利的一面。

3. 甲醛为什么会被滥用于水产品？

甲醛被滥用的主要原因在于：首先，由于其低廉的价格，1 吨甲醛的价格在 1 600 元上下；其次，甲醛用于水产品的防腐保鲜，效果十分明显。经甲醛浸泡过的海鲜，其外观优于未浸泡过的海鲜，且储藏期限大大延长；再者，很多卖家只是一般的个体户，没有相应的食品安全知识，不懂用于水产品保鲜的物质到底是什么，也不知道使用此物质保鲜合不合法。

4. 甲醛对人体有哪些危害?

甲醛是原浆毒物，能与蛋白质结合，吸入高浓度甲醛后，会出现呼吸道的水肿等严重刺激症状，以及眼睛刺痛、头痛，也可诱发支气管哮喘，全身症状有头痛、乏力、胃纳差、心悸、失眠、体重减轻以及自主神经紊乱等。皮肤直接接触甲醛，可引起皮炎、色斑或坏死。经常吸入少量甲醛，能引起慢性中毒，出现黏膜充血、皮肤刺激征、过敏性皮炎、皮肤角化、甲床指端疼痛；孕妇长期吸入甲醛可能导致新生婴儿畸形，甚至死亡；男性长期吸入可导致精子畸形、性功能下降，严重的可导致白血病、气胸、生殖能力缺失。

很多科学研究与动物实验早已证明，长期接触福尔马林可能会导致癌症，它已被认为是一种"疑似致癌物质"。微量甲醛在人体内基本上残留性不强，代谢速度不慢，约35%可代谢为甲酸，在尿液里以甲酸盐类的形态排出，其余65%可继续代谢为二氧化碳与水排出体外。但最大的问题是，甲醛可能会造成细胞的变性，且细菌、人体分离细胞或动物细胞基因突变测试呈阳性反应，亦不能排除有致生物畸形的可能。

5. 甲醛是否可以作为食品添加剂添加到食品中?

2011年发布的GB 2760–2011《食品添加剂使用标准》中已要求对食品添加剂的安全性和工艺必要性进行严格审查。该标准删除了不再使用的、没有生产工艺必要性的食品添加剂和加工助剂，其中就包括甲醛等。因此，应该纠正的是，甲醛已不能称之为食品添加剂了。该标准明确规定了食品添加剂的使用原则，规定使用食品添加剂不得掩盖食品腐败变质、不得掩盖食品本身或者加工过程中的质量缺陷，不得以掺杂、掺假和伪造为目的而使用等。

6. 既然国家已有明文规定，为什么一些经营者还是铤而走险，知法犯法呢?

水产品的保鲜期特别短，尤其是夏季，由于气温高，容易变质腐坏。为延长海鲜的货架期，一些不法商家就用福尔马林浸泡海鲜。用甲醛给水产品"保鲜美容"其实早已不是什么新闻，多有见诸报道，这在水产品行业也早已成为潜规则。还有一些黑心商家用福尔马林浸泡已经腐坏、不可食用的水产品，使之"起死回生"，看起来像刚打捞上来的一样。

7. 那消费者该如何鉴别水产品是否被福尔马林浸泡过呢？该怎么杜绝这种现象呢？

一是看，一般来说，使用福尔马林泡发过的鱿鱼、虾仁等，外观虽然鲜亮悦目，但色泽偏红；二是闻，会嗅出一股刺激性的异味，掩盖了食品固有的气味；三是摸，甲醛浸泡过的水产品，特别是海参，触摸手感较硬，而且质地较脆，手捏易碎；四是尝，吃在嘴里，会感到生涩，缺少鲜味。

目前市场上这样的水产品实在是太多了，若想彻底消除它的存在，一方面，有关的职责部门要加大监管处罚力度，向经营者普及有关这些"药水"的危害知识，从源头上切断福尔马林浸泡水产品存在的可能性；另一方面，改变顾客的消费观念，让他们认识到什么样的水产品才是真正健康的绿色食品。

"起死回生"一般指的是医术，而如今将医学上的"保尸"技术，被直接"拿来主义"地用于水产品的"起死回生"和保鲜上，这无疑是一种"毒技术"。目光短浅、贪图小利的经营者虽然暂时获得了利益，但从长远来看，这种损害他人、丧失诚信的方法，最终损害的还是自身的利益。只有利用科学、规范的保鲜技术，才能让整个海鲜市场健康持续地发展下去。

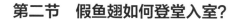

第二节　假鱼翅如何登堂入室?

央视曾曝光了北京一些著名饭店用明胶、海藻酸钠加色素制作假鱼翅的内幕。无独有偶,浙江省消保委也随机抽查了 10 余家酒店的鱼翅产品,经 DNA 检测,均无鲨鱼成分。作为高档宴席的"八珍"之一,身价昂贵的鱼翅是否物有所值?面对真假难辨的市场,消费者又该如何理性消费?

1. 何谓鱼翅? 为何鱼翅的价格如此之高?

所谓鱼翅,就是鲨鱼鳍中的细丝状软骨,是用鲨鱼鳍干制加工而成的一种海产珍品。鳍按照生长部位可分为背鳍、胸鳍、臀鳍和尾鳍。以背鳍制成的叫脊翅、背翅或劈刀翅,翅多肉少;以胸鳍制成的叫翼翅或上青翅,翅少肉多;以尾鳍制成的称尾翅、勾尖或尾勾;以臀鳍制成的称荷包翅、翅根。尾鳍和臀鳍肉最多、翅最少。鱼翅按颜色分,有黄、白、灰、青、黑、混(黄白色)6 种,其中以黄、白、灰 3 色较优。由于产地和焙制方法不一,又有淡水翅、咸水翅之分。淡水翅是用日光晒干,或用石灰水浸渍而成;咸水翅是用盐水浸渍。鱼翅还可按形态完整与否分类。胀发后成为整只翅的称为排翅,为上品;胀发后散开成一条一条的叫散翅。

鱼翅的产地除了有我国沿海的广东、福建、台湾、浙江和山东等省及南海诸岛外，日本、美国、印尼、越南和泰国等地也均有出产。鱼翅之所以和熊掌、燕窝等被誉为山珍海味，主要源于"物以稀为贵"的心态。

2. 昂贵的鱼翅是不是对人体有益呢？

目前，还没有确切的科学根据证明鱼翅对健康有特别的功效。鱼翅的翅筋除了含有 80% 左右的蛋白质以外，还含有脂肪、糖类及其他矿物质。但它的蛋白质因缺少一种必需氨基酸——色氨酸，导致其蛋白质质量还不如鸡蛋；从不饱和脂肪来看，鱼翅和普通海鱼一样，并没有什么特殊的营养价值。

研究发现，鱼翅含有水银或其他重金属的量均比其他鱼类高很多。这是由于工业生产过程中的废水被不断地排入海洋，使得海水中的水银和其他重金属含量较高，海洋生物也随之受到影响。鲨鱼处于海洋食物链的顶端，体内往往会积累大量的污染毒素。其含的水银除了可能会造成男性摄入者不育外，若含量过高还会损害人的中枢神经系统及肾脏。因此，食用过多鲨鱼肉、鱼翅可能会对人体有害。

美国迈阿密大学的科学家曾对佛罗里达州海域的鲨鱼鳍进行了毒性分析，发现鲨鱼含有高浓度的 β-甲氨基-L-丙氨酸（BMAA），这是一种与脑退化症和葛雷克症有关的神经毒素。这种神经毒素可引起神经系统的损坏，进而导致肌肉萎缩，影响消化系统和呼吸系统等，最终因不能进食而死亡。但 BMAA 这种物质并不常见，因此其毒性致死量目前并没有标准。这种物质一般存在于苏铁科植物种子中，但是现在已在鲨鱼体内被发现，过量摄入含有此类物质的鲨鱼翅有可能对健康不利。

3. 鱼翅的加工过程中还可能给消费者带来什么危害？

饭店在鱼翅的加工过程中需要用到双氧水。双氧水分为医用和工业用双氧水两种，用医用双氧水加工鱼翅已是业内多年通行的做法，在加工完后用水冲洗干净即可。一些不法黑作坊一般都用工业用双氧水和氨水对品质、色泽差的鱼翅进行漂白与消毒，但加工好的双氧水鱼翅捞起来之后不会再用清水冲洗了，直接晾干打包。

工业用双氧水含有砷、重金属等多种有毒有害物质，并可与食品中的淀粉形成环氧酚物质而致癌，特别是消化道癌症。另外，残留的氨水会引起消化道的刺激症状，如食管炎等。

4. 几十元甚至十几元的鱼翅为何物？食用这种假鱼翅对人体有害吗？

鱼翅来自于鲨鱼鳍，一条鲨鱼最多能出 4 根鱼翅，重量不过几千克，所以在许多高档餐厅里，鱼翅价格动辄几百元甚至上千元一份。市场上销售的几十元的鱼翅必然是假鱼翅，也就是所谓的人造鱼翅，这是一种对鲨鱼翅外形、色泽和味道进行模仿的人造制品。

人造鱼翅与人造肉有所不同。人造肉是为了满足一些特殊人群的需求而制造的，主要由大豆蛋白制成，其富含大量的蛋白质和少量的脂肪，是一种健康的食品。而人造鱼翅则是利用工业明胶、海藻酸钠配合其他食用化工原料加工而成，成品洁白、味鲜、脆嫩，口感胜似粉丝。

生产这种人造鱼翅，手工操作即可，有的用"鱼翅精"调制而成。这种"鱼翅精"其实就是植物水解蛋白的调味液，在 109 摄氏度的高温下，用浓盐酸来对它进行水解，过量的浓盐酸在水解过程中会和植物蛋白中没有清除干净的脂肪生成三氯丙醇。有实验证明，该物质对机体的肾脏、肝脏及生殖系统有损害作用。由于工业明胶中含有重金属六价铬离子等物质，若摄入过多这类假鱼翅，会有致癌风险。

5. 相关标准主要有哪些？

主要涉及的标准有 GB 2760−2014《食品安全国家标准 食品添加剂使用标

准》，GB 2762-2012《食品安全国家标准 食品中污染物限量》等。

6. 如何理性消费？

真正的鱼翅来源于鲨鱼，捕鱼者将鲨鱼捕捞之后，为了获得更大的空间存放鱼翅，往往只是将鲨鱼的鳍切割下来，将没有鱼鳍的鲨鱼再扔回大海，这些惨遭毒手的鲨鱼因为没有鳍不能游动，只能沉入海底而惨死。因为鱼翅的暴利已让无数鲨鱼惨遭毒手，国际上已经明令禁止捕杀鲨鱼。我国是鱼翅消费大国，消费者需正确了解鱼翅的来源，并且理性地拒绝消费鱼翅。"没有买卖就没有杀害"，当人们意识到鱼翅的性价比并没有那么高的时候，就不会追求所谓的档次。这样不但可以保护鲨鱼，保护海洋生态环境，也可以避免食用鲨鱼对自身造成健康危害。

若生产人造鱼翅产品，用食品级原料，添加剂按照 GB 2760-2014 规定的进行添加，即使是作为加工助剂也必须是食品级，这样才能避免健康危害。同时，标签应明示仿真鱼翅。如果采用非食品原料生产，或产品不符合安全要求，则会含有有害物质，对人体健康造成危害，这是不允许的，要进行严厉打击。

"不求最好，只求最贵"的畸形消费心理促进了假鱼翅、毒鱼翅的虚假繁荣，也给消费者的健康带来了潜在的危害。要改变这一现状，不仅需要相关国家食品安全标准的落实到位，更重要的是建立理性的消费理念。

第三节　危险的孔雀石绿

2014年5月，湖南省株洲市食品安全办公室发布了一季度的食品监督抽检结果。全市90批次的水产品中，有2个批次不合格，均为孔雀石绿超标。很长时间以来，不法养殖户和摊贩都用孔雀石绿来预防鱼生病和延长鱼鳞受损的鱼的生命。那么，孔雀石绿究竟为何物？它为什么会出现在水产品中？它对人体健康又会产生哪些影响？

1. 何谓孔雀石绿？它有哪些用途？

孔雀石绿，又称苯胺绿、碱性绿、维多利亚绿或中国绿，是具有金属光泽的深绿色结晶状固体，极易溶于水、乙醇和甲醇，水溶液呈蓝绿色。它是一种有毒的三苯甲烷类人工合成有机化合物。

虽然称作孔雀石绿，但它并不含有孔雀石的成分，只是两者颜色相似而已。孔雀石和孔雀石绿是两种完全不同的物质。孔雀石绿常被用于制陶业、纺织业、皮革业、食品着色剂和细胞化学染色剂。

2. 为何孔雀石绿会被添加到水产品中？

人们发现孔雀石绿在细胞分裂时会阻碍蛋白肽的形成，使细胞内的氨基酸无法转化为蛋白肽，导致细胞分裂受到抑制，从而产生抗菌杀虫作用。从 1933 年起，孔雀石绿开始作为驱虫剂、杀虫剂、防腐剂来预防与治疗各类水产动物的水霉病、鳃霉病和小瓜虫病。孔雀石绿之所以会被添加到水产品中的原因有两点：一是有些养殖户、鱼贩贪图其价格便宜，受利益驱使，冒险偷偷购买；二是在治疗水产品的水霉病方面，孔雀石绿的疗效远好于其他药物。鱼从鱼塘到当地水产品批发市场，再到外地水产品批发市场，要经过多次装卸，碰撞和摩擦很容易使鱼的鳞片脱落，引起水霉病甚至死亡。

为了延长鱼类的存活时间，不少商贩在运输前都要用孔雀石绿溶液对车厢进行消毒，而且不少存放活鱼的鱼池也采用这种消毒方式，例如，一些酒店为了延长鱼的存活时间，使用孔雀石绿对养鱼容器进行消毒。另外，被孔雀石绿消过毒的鱼，死后颜色也较为鲜亮，消费者很难从外表看出它已死了较长时间，所以商贩很愿意使用。

3. 那么孔雀石绿对人体健康会产生哪些危害？

孔雀石绿进入人体或动物体内后，通过生物转化，还原代谢成脂溶性的无色孔雀石绿，有致突变、致畸形和致癌的危险，并能长时间残留在体内。同时，孔雀石绿还能引起动物肝、肾、心脏等器官中毒。

据美国国家毒理学研究中心研究发现，小鼠食入无色孔雀石绿 104 周，其肝脏肿瘤的发生率明显增加。试验还发现，孔雀石绿能引起动物肝、肾、心脏、脾、肺、眼和皮肤等脏器和组织中毒。鉴于孔雀石绿的危害性，许多国家均将孔雀石绿列为水产养殖禁用药物。

4. 消费者应该如何安全选购、食用水产品? 如何尽量避免购买到含孔雀石绿的水产品?

在选购水产品时应注意以下几点: 第一, 判断是否新鲜。一般的活海鲜或活冻海鲜 (活的海鲜被直接冰冻) 对人体是没有危害的。活鱼、鲜鱼的鱼体无损伤, 刚死不久的鲜鱼鳃盖紧闭, 鳃红清楚、干净, 鱼眼球凸起不混浊, 鱼鳞紧附鱼体不易脱落, 鱼体表面黏液透明光滑。鱼体结实, 鱼肉有弹性, 肉质紧密。第二, 要洗净。海产品的内脏、呼吸器官、排泄器官等本身是微生物聚集的地方, 食用时要清洗干净。第三, 勿生食。海鲜河鲜本身带菌, 简单的加工制作也可能带入新的污染, 未经热加工存在较高的食品安全风险, 所以尽量不要进食生的河鲜海鲜。第四, 要到正规店购买。第五, 要慎吃。在外就餐应选择获得餐饮服务许可证的餐馆, 尽量到食品安全等级较高的餐饮单位就餐, 发现食物出现异味或其他不正常现象就不要食用。

为避免购买到含孔雀石绿的水产品, 消费者在选购水产品尤其是鱼类产品时, 首先要观察鱼鳞的创伤部位是否染色, 受创伤的鱼经过浓度大的孔雀石绿溶液浸泡后, 表面会发绿, 严重的还会有青草绿色; 其次, 看鱼鳍, 正常情况下鱼鳍应该是白色的, 而经孔雀石绿浸泡过的鱼鳍也容易着色。

5. 有哪些涉及水产品孔雀石绿的相关规定、标准?

我国于 2002 年 5 月将孔雀石绿列入《食品动物禁用的兽药及其化合物清单》中, 相对应的检测方法为 GB/T 19857-2005《水产品中孔雀石绿和结晶紫残留量的测定》。该方法中对水产品检测率进行了规定, 且严于欧盟标准。据行内人士介绍, 有可能含孔雀石绿的水产品有养殖的鳗鱼、甲鱼、河蟹等, 而冰鲜鱼类大多是从海上捕捞的, 不太可能含孔雀石绿, 广大消费者不必盲目恐慌。

在食品安全问题的处理上需考虑立法、执法与监督三者独立高效地运行。建议有关政府部门借鉴出口鳗鱼的养殖场登记注册制度, 从源头控制水产品的用药安全问题，并且考虑如何综合整治此类问题，协调涉及从养殖到销售各个环节的有关管理部门，降低此类问题带来的食品安全风险。此外，政府还应该在食品安全方面重视全民教育。无论是媒体宣传还是工作需要，都应该加强食品安全科普知识的教育和引导，使广大人民群众多掌握一些食品安全知识，从养殖户到运输商贩，从销售人员到消费者，都应该学会如何维护健康安全，保障食品安全。

水产品的鲜活度是影响其销售的关键因素之一。选择水产品的保鲜方法，固然要考虑成本因素，但必须把食品安全放在首位。从养殖源头到餐桌的每个环节，都应该严格遵守食品安全技术标准，不断提升流通过程中的保鲜技术，只有科学管理、诚信为先，水产品市场才能够得到持久发展。

第四节　鱼浮灵，真的灵？

　　之前，曾有一则由微博发出的信息称：鱼贩子往水里撒的一种速溶的白色粉末，叫做鱼浮灵，能让半死不活的鱼迅速"起死回生"，活蹦乱跳起来。据称，这种鱼浮灵能使鱼类的铅含量超标 1 000 倍。那么，究竟什么是鱼浮灵？添加它的作用又是什么？这种物质是否真的会对鱼、人和环境造成所说的这种伤害呢？如何辨别受过鱼浮灵污染的鱼类产品呢？

1. 鱼浮灵为何物？

　　鱼浮灵是一类给氧剂的统称，其主要成分一般为过氧化钙或过氧碳酸钠，后者俗称固体双氧水，在常温下能很快溶于水，并迅速释放氧气，水解为双氧水、氢氧化钙或碳酸钠。只要往鱼缸里加点鱼浮灵，鱼缸里水的含氧量就会迅速增加。由于氢氧化钙和碳酸钠会导致水中 pH 值上升，因此双氧水在碱性条件下，更容易释放氧气，从而提高水体的溶解氧含量。将鱼浮灵撒入养殖池或者活水产品运输水槽后，能迅速为鱼虾提供呼吸所必需的溶解氧，这样，一些原本因缺氧而眼看着就要"不行了"的鱼虾，可以因鱼浮灵的加入而暂时延长生命。

2. 市场上正在使用鱼浮灵，能让死鱼变活吗？

鱼浮灵作为一种速效增氧剂，含氧量高，释放迅速，无残留。施用鱼浮灵后能迅速增加水体的溶氧量并在长时间内维持，能有效防治水生动物因缺氧而造成的浮头、泛塘等现象，提高鱼苗及活鱼运输的成活率，缓解消除水体中有机酸及分子氨的积累，增加水生动物的抗病能力，故鱼浮灵多在鱼塘而非贩卖中使用。

类似鱼浮灵这种过氧化物，国家是允许使用的，但一般作为在鱼塘催氧之用，而非在贩卖过程中使用。因为在贩卖过程中，使用过量的话，不但缺氧得不到缓解，还会使鱼死亡。一般在销售过程中，鱼贩多用增氧泵进行物理增氧，而非用化学方式的鱼浮灵催氧。虽然鱼浮灵可以缓解一般性的缺氧，但快死的鱼并不能靠鱼浮灵"起死回生"，因为该种物质可能会污染水体，换水本身的成本很高，所以一般卖鱼的不会使用它，而会使用增氧泵。

3. 鱼浮灵会对人体造成伤害吗？

鱼浮灵的化学成分是过氧碳酸钠、或过氧化钙等过氧化物，分解出的碳酸钠和碳酸钙存在于水体中，有一部分可能会被鱼的体表吸收，或通过腮进入肌肉内，但吸收的量有限，正常使用不会对鱼造成危害，也没有任何实验证据和理由证明鱼浮灵对人体会造成危害。但不排除有些不法商贩可能会使用工业级纯度的原料生产出来的过氧化钙或过氧碳酸钠来替代作为鱼药的鱼浮灵。在这种情况下可能的确存在引入重金属等有害成分的风险。早在 2007 年，北京市卫生监督所就曾发出预警：市场上发现了一些鱼商贩为增加鱼的活动力，在水中添加鱼浮灵，但该种鱼浮灵含铅和砷，且严重超标几百倍，用过鱼浮灵的鱼铅和砷也严重超标，食用这种鱼，会严重危害人的肝、肾和大脑等器官和组织，甚至会诱发恶性肿瘤。

4. 如何辨别受过鱼浮灵污染的鱼类产品呢？

在购买鱼类产品时，应注意观察。首先看鱼眼，鲜鱼的眼睛清晰光亮，眼球饱满，眼角周边不发红，鱼鳃是鲜红色而不是暗红色；其次摸鳞片，如果鳞片粘黏易脱落，这鱼一定不新鲜；最后闻内壁，剖开鱼后要闻一下鱼腹的内壁，内壁湿润没有异味那就是鲜鱼了。

5. 如何正确看待"鱼浮灵"事件？

对于"鱼浮灵"事件所引起网友的恐慌，是具有代表性的。近些年，有些不法商人使用多种危害人体健康的添加剂制作有毒食品的事件被曝光，令人对食品添加剂谈虎色变。所以，到听到鱼浮灵问题时，自然地就会夸大其危害。其实食品添加剂不是万恶之源，食品安全问题不等于恐慌，市民要相信正常渠道的食品安全信息。

在食品生产中只要按 GB 2760-2014《食品安全国家标准 食品添加剂使用标准》规范使用添加剂，在防止食品腐败变质，保持或增强食品的营养，改善或丰富食物的色、香、味等的同时，对人体健康有益无害，消费者就可以放心食用。

食品销售不是一锤子买卖，建立良好食品安全的信用是重中之重。

第五节 寄生黄鳝的不速之客

曾经有过这样一则报道：一位女士在家发现，买回家的黄鳝中有很多寄生虫，而且寄居在黄鳝的骨头中。她做好的洋葱炒黄鳝丝中也夹杂着不少寄生虫。寄生虫成线状，长短不一，呈棕褐色。黄鳝骨头中怎么会有寄生虫，它对我们的健康有危害吗？生活中又应如何预防这些寄生虫对我们造成危害？

1. 黄鳝中的寄生虫有哪些种类？黄鳝在什么样的环境下易感染这些寄生虫？

黄鳝中的寄生虫种类较多，主要有：隐藏新棘虫、胃瘤线虫、鳝锥体虫、毛细线虫、湖北双穴吸虫、颤动隐鞭虫、嗜子宫线虫、大型多钩槽绦虫等。隐藏新棘虫和胃瘤线虫是黄鳝体内最常见的寄生虫。少量寄生对黄鳝的影响不大，但当体内的隐藏新棘虫多于 20 只以上时，黄鳝的生殖腺就会有萎缩现象。寄生虫的危害主要是消耗寄主的营养、破坏寄主的组织，并诱导机体产生封闭性抗体，导致对其他感染性疾病的抵抗能力下降，继而引发其他疾病。

在一年四季中，黄鳝均可感染隐藏新棘虫，且四季无明显差异；在春、夏两季，鳝锥体虫和湖北双穴吸虫的感染率和感染强度明显高于秋、冬两季；毛细线虫的夏季感染率较高，而其他季节则相对较低。

2. 主要的寄生虫——隐藏新棘虫和胃瘤线虫是怎样的寄生虫？

新棘虫为棘头虫的一种，属于具有假体腔而无消化系统的蠕虫类。有关黄鳝寄生新棘虫的报道相对多一些。棘头虫类寄生虫是以其体前端吻上有像倒钩棘状的吻钩而得名。虫体呈圆筒形，体由吻、颈和躯干部三部分组成。吻呈球形，其上有螺旋形排列的四圈吻钩，每圈有钩 8 个。虫体为乳白色，成虫长度在雌雄个体方面有所不同，雄虫体长为 41~104.8 毫米，雌虫长为 145~212 毫米，但幼虫只有数毫米长。

胃瘤线虫属于嘴刺目。较大的胃瘤线虫均以包囊形式存在，一般一个包囊内 1 条线虫；较小的线虫则不结囊，仅依附于肠系膜或中后肠的外表面；更小的个体寄生于消化道内，偏好的寄生部位是中肠，其次是前肠和后肠，胃内也偶有寄生。因此，胃瘤线虫是黄鳝的消化道内常见的寄生虫病原体。黄鳝被胃瘤线虫感染后，其血细胞及血清总蛋白明显地发生变化。一般认为，黄鳝是新棘虫的终末寄主，一种叫劳氏中剑水蚤的大型浮游动物是其中间寄主。成熟的虫卵随终末寄主黄鳝粪便排入水中被劳氏中剑水蚤吞食，在室温 30~35 摄氏度时，4 天便发育为椭圆形的棘头蚴，8 天发育为前棘头体期，发育较快的虫体于第 10 天吻部便缩入体内形成棘头体期。这时的劳氏中剑水蚤被黄鳝等鱼类吞食，虫体便在其体内发育为成虫。此虫对黄鳝的危害主要是以坚韧的吻突和锐利的吻钩侵入小肠组织，引起机械破损作用而造成组织的坏死，坏死区的中心是吻突所吸附处。除了吻突的机械性作用引起组织坏死外，吻突顶端表面正中的小孔也可能会释放出毒素，对宿主组织造成伤害。

3. 这些寄生虫对宿主到底有着什么样的危害？

寄生虫在宿主的细胞、组织或腔道内寄生，引起一系列的损伤。这不仅见于原虫，蠕虫的成虫，而且也见于移行中的幼虫，它们对宿主的作用是多方面的。主要危害包括：（1）夺取营养：寄生虫在宿主体内生长、发育和繁殖所需的物质主要来源于宿主，寄生的虫数愈多，被夺取的营养也就愈多。如蛔虫和绦虫在肠道内寄生，夺取大量的养料，并影响肠道吸收功能，引起宿主营养不良；又如钩虫附于肠壁上吸取大量血液，可引起宿主贫血。（2）机械性损伤：寄生虫对所寄生的部位及其附近组织和器官可产生损害或压迫作用。有些寄生虫尤其个体较大，数量较多时，这种危害是相当严重的。例如蛔虫多时可扭曲成团引起肠梗阻。棘球蚴寄生在肝内，起初没有明显症状，以后逐渐长大压迫肝组织及腹腔内其他器官，发生明显的压迫症状。另外，幼虫在宿主体内移行可造成严重的损害，如蛔虫幼虫在肺内移行时穿破肺泡壁毛细血管，可引起出血。

寄生虫还有毒性和抗原物质的作用，寄生虫的分泌物、排泄物和死亡虫体的分解物对宿主均有毒性作用，这是寄生虫危害宿主方式中最重要的一个类型。例如溶组织内阿米巴侵入肠黏膜和肝时，分泌溶组织酶，溶解组织、细胞，引起宿主肠壁溃疡和肝脓肿；阔节裂头绦虫的分泌排泄物可能影响宿主的造血功能而引起贫血。另外，寄生虫的代谢产物和死亡虫体的分解物又都具有抗原性，可使宿主致敏，引起局部或全身变态反应。如血吸虫卵内毛蚴分泌物引起周围组织发生免疫病理变化——虫卵肉芽肿，这是血吸虫病最基本的病变，也是主要致病因素。又如疟原虫的抗原物质与相应抗体形成免疫复合物，沉积于肾小球毛细血管基底膜，在补体参与下，引起肾小球肾炎。而当棘球蚴的囊壁破裂时，囊液进入腹腔，可以引起宿主发生过敏性休克，甚至死亡。

4. 消费者到菜市场应该怎样挑选黄鳝呢？如何鉴别死黄鳝？

价格较低的黄鳝大多从泰国、缅甸等国走私入境。这类鳝鱼由人工养殖长成，生长周期短，做熟后，味道比较松软，不及国内野生黄鳝味道香而有韧性。当前市场上野生鳝鱼逐渐减少。识别养殖鳝鱼和野生鳝鱼的方法除了价格差别外，还可以从盛养鳝鱼的水温识别，养殖鳝鱼只能放在温水中出售，一放进冷水中，就会出现抽搐甚至被冻死的现象；而野生鳝鱼即使放在冰凉的水中也能保持鲜活。

死黄鳝同河蟹一样，体内含有一种组胺的有毒物质，食用后，极其容易引起食物中毒。其鉴别方法有"四看"：（1）看鳝丝的血色。凡是活黄鳝加工成的鳝丝，其血液颜色应该是鲜红色的，如果鳝丝有紫红色的血水，那就是死鳝加工的。（2）看积血形成。活鳝划出的鳝丝，肚内的血块应呈条状凝结，反之，血块散状凝结则是死黄鳝。（3）看肉质粗细。活鳝加工的鳝丝，肉质细腻且有弹性，反之，肉质粗糙，而且缺乏弹性的，就是死黄鳝。（4）看鳝丝皮色。活黄鳝加工的鳝丝，表皮黑中透亮，皮色光洁，死黄鳝则带灰，略暗。

5. 如果买回来的黄鳝含有寄生虫能食用吗，有什么标准来检测寄生虫？

食用前应烧熟煮透。烹煮温度须保持在100摄氏度以上，时间不少于10分钟，以确保将寄生虫杀灭。市民平常烹制黄鳝所用的爆炒、煎煮等方法，完全可以将黄鳝体内的寄生虫杀死。同时，黄鳝一定不要生吃。食用熟透的黄鳝基本上是无害的，但如果发现黄鳝有寄生虫最好不要食用。

相关检测的标准有：SN/T 1748–2006（2010）《进出口食品中寄生虫的检验方法》和 SN/T 1908–2007（2011）《泡菜等植物源性食品中寄生虫卵的分离及鉴定规程》等。

寄生、共生和互利共生都是自然界生物的不同生存方式。不少寄生虫多源于被污染的食物和水，一旦进入人体，极易危害健康，甚至危及生命。科学的烹饪方式和饮食习惯是降低此类风险、拥有互利共生体内环境的重要手段。

第六节 "海洋杀手"创伤弧菌

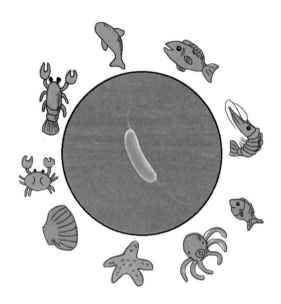

　　2012 年 8 月，宁波市第一医院收治的一位感染海洋创伤弧菌的患者，因其心、肺、肾等多器官衰竭，发生感染性休克，最后抢救无效死亡。随即引起人们对创伤弧菌的恐惧。这个如此危险的微生物是什么？从哪里来？有什么危害？为确保自身的安全，我们该如何来防止它的危害？

1. 创伤弧菌是什么？哪些环境中含有创伤弧菌？

　　创伤弧菌为非霍乱弧菌，是一种自然生长在温暖海水中的革兰阴性弧菌，嗜盐性，毒力较强，由该菌引起的病例大多数表现为肢体软组织损害及严重脓毒症。1970 年 Roland 首先报道了由创伤弧菌感染引起的小腿坏疽和内毒素性休克；在美国、丹麦、西班牙、以色列及我国台湾等一些沿海城市相继有创伤弧菌感染的临床报告；近来，浙江省温州地区陆续有创伤弧菌败血症的病例报告，大多数因多器官功能障碍而死亡。在 2003 年 12 月，我国台湾地区卫生研究院主导的基因体定序团队，完成了创伤弧菌的基因体定序与分析工作。

海洋创伤弧菌是分布极广的海洋细菌，自然生存于近海、海湾的海水及海底沉积物中。这种细菌最适宜的生存条件为 37 摄氏度、盐度在 10~20 克 / 升之间，海鱼、牡蛎、螃蟹、贝类和鲸体等海洋生物都有可能携带该细菌。3~11 月份是创伤弧菌最佳生长繁殖季节。感染该菌后起病急骤、进展迅速，多数病例死于多器官功能衰竭，病死率高达 75%。

2. 哪种人群容易感染创伤弧菌? 吃海鲜会感染创伤弧菌吗?

海洋创伤弧菌虽然凶险，但健康人并不容易感染。以下几类是高危人群，其中包括酒精性肝硬化、原有肝病、酗酒、遗传性血色（铁）沉着病和慢性疾病等。有报道指出，慢性肝病尤其是酒精性肝病患者更容易感染海洋创伤弧菌。

有遗传性血色（铁）沉着症和慢性疾病的，如糖尿病、风湿性关节炎、珠蛋白生成障碍性贫血（地中海贫血）、慢性肾衰竭和淋巴瘤等免疫力低下的人群最易感染创伤弧菌。大家最好不要生吃贝甲类海鲜，特别是有肝病的高危人群生食海鲜危险更大。

3. 感染创伤弧菌后出现误诊的原因是什么?

创伤弧菌感染病症较少见，大多发生在沿海城市，因此，临床医生对该症诊断意识不强，警惕性差。再者，该症早期临床表现较轻，不典型，患者多因肢体软组织损害就诊，易被医生忽视。另外，患者从感染到发病时间短，发病迅速，临床医生往往容易忽视病史，尤其是流行病学史问诊，满足于常见病的诊断，急于将患者收入病房，未行必要的检查，或因医生思路局限，根据某一阶段的临床表现下诊断，未追踪疾病的动态过程，或将该症的肢体损害和脓毒症视为两个疾病，造成首诊误诊。

4. 感染创伤弧菌后的临床表现有哪些？

如果伤口接触到海水、贝壳或鱼类，便有可能感染到此弧菌。一般来说这种感染多半很轻微，但在高风险的族群中，此类弧菌感染可快速传播，并导致严重肌炎和肌膜炎引发的重度坏疽。此外，易出现高热、畏寒，随后出现下肢剧烈疼痛、肿胀、局部红斑、淤斑坏死和（或）大疱性皮肤损害及蜂窝织炎等症状。小腿是感染后皮肤损害最常见的部位，以双下肢和右下肢病变多见。

若是从吃入的食物中感染海洋弧菌的潜伏期为 12 小时至 4 天，会发生腹痛、恶心、呕吐、腹泻、发热或是打寒战，然后是下肢皮肤会感觉疼痛，接着就是红疹、水泡的发生和溃烂，最严重的状况就是休克，甚至是死亡。若是从伤口侵入的话，在 12 小时之内，皮肤开始发生红、肿和水泡现象，最后成为坏死性筋膜炎。处理方式是将溃烂部分挖掉，甚至是将其切除、截肢。

5. 感染海洋创伤弧菌主要有哪些途径？有何检测标准？如何避免？

感染海洋创伤弧菌主要有两种途径：一种是进食生的或未经加工熟的贝甲类海产品（尤其是牡蛎），其危害不在于其引起胃肠炎，而在于其会引发蜂窝组织炎和败血症；另一种感染途径是破损的肢体接触海水，如海产品刺伤皮肤而感染，细菌通过破损的皮肤快速传播，引发坏疽，继而发生败血症。

目前，相关的检测标准有 SN/T 2754.13-2011《出口食品中致病菌环介导恒温扩增（LAMP）检测方法 第 13 部分：创伤弧菌》。要杀死食物上海洋弧菌的方法就是少吃生冷食物，尽量将食物煮熟。海洋弧菌与霍乱弧菌一样，只要高温煮熟，就会消失殆尽。同时，有伤口的皮肤千万不要泡海水，洗海鲜时也要防止被虾头、蟹脚刺伤。

6. 感染创伤弧菌能治愈吗？哪些药物对治疗创伤弧菌感染有用？

感染创伤弧菌属于急性感染性疾病，因此，急诊医生是多数创伤弧菌脓毒症的首诊医生，是降低该症病死率的第一道防线。提高首诊医生的诊断意识，采取合理的诊断策略，及早积极治疗是提高存活率的关键。

将创伤弧菌体外培养并行药敏试验表明：其对多种抗菌药物比较敏感，如氨苄西林、头孢噻肟、头孢他啶、奈替米星、培氟沙星和复方新诺明等。对大剂量创伤弧菌感染小鼠行抗菌药物联合应用的实验研究表明：联合用药抗菌作用明显增加，头孢哌酮和左旋氧氟沙星、头孢哌酮和奈替米星、奈替米星和多西环素联用效果最好。

生鲜美味佳肴，诱惑难抵，若为此触及生命底限，那还需慎重。若不采取科学的态度，一味地表现出勇往直前的大无畏精神，品尝了美味，但可能付出的却是健康甚至是生命的代价，尤其是体质薄弱者。只有科学安全的美食方式，才能打造人们持久的品质生活。

第七节　"铅"变万化不离其宗

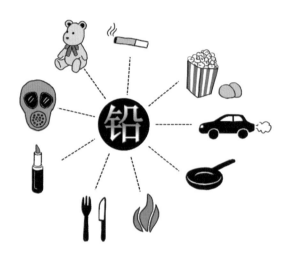

据报道，国家食品药品监督局对多家保健功能企业旗下的螺旋藻进行检测，发现部分产品铅超标，其中包括假冒产品数批。过量的铅会带来什么危害？食品中铅污染的来源可能有哪些？怎样减少受其污染的影响来确保自身的安全？

1. 铅是什么物质？食品中铅含量超标是什么概念？涉及哪些标准？保健品中含有铅，保健品还安全吗？

铅是一种重金属，人体摄入后不易代谢，会在体内积累，当达到一定含量会引起一系列疾病。因此，在日常饮食中铅的摄入需要严格控制。GB 16740－2014《保健（功能）食品通用标准》中规定一般的胶囊铅的限量值为 2.0 毫克／升；袋泡茶的铅限量值为 5.0 毫克／千克；液态产品的铅限量值为 0.5 毫克／千克；婴幼儿固态或半固态保健品的铅限量值为 0.3 毫克／千克。

　　铅是人类生存环境中普遍存在的重金属，水、土壤、空气中的铅都可能通过饮食或呼吸进入人体。由于不同食品的每日食用量及其铅的含量不同，GB 2762-2012《食品安全国家标准 食品中污染物限量》中规定，不同类食品的铅限量也不同，如鱼类食品的铅限量为0.5毫克/千克，鲜乳的铅限量为0.05毫克/千克，茶叶的铅限量为5毫克/千克等。目前，国家批准的以螺旋藻为原料的保健食品（产品）一般每天食用量为2~6克，以2.0毫克/千克限量计算，食用6克螺旋藻类保健食品的铅暴露量与饮用240毫升一袋牛奶或食用约半两（24克）鱼类食品的铅暴露量相当。因此，这一限量标准是安全的。

2. 在我们生活中，铅污染的来源有哪些？食用铅超标的食品后会对人体产生什么致病性的危害？

　　食品中铅的来源很多，包括动植物原料、食品添加剂以及接触食品的管道、容器、包装材料、器具和涂料等，均会使铅转入到食品中。另外，很多行业如采矿、冶炼、蓄电池、交通运输、印刷、塑料、涂料、焊接、陶瓷、橡胶、农药等都使用铅及其化合物。这些铅大部分以各种形式排放到环境中，也可能引起食品铅污染。例如上面提到的螺旋藻铅超标，很大部分原因是螺旋藻生长的水体遭受铅污染，而螺旋藻有极强的重金属富集功能，从而造成了螺旋藻铅超标。

　　当个体只是暴露于低剂量的铅环境时，一般察觉不到其对人体健康造成的影响。铅对人体各系统均有毒害作用，主要病变发生在神经系统、造血系统和血管。铅对儿童的生长发育影响非常大。幼儿大脑对铅污染更为敏感，严重时会影响儿童的智力发育和行为。儿童血液中铅的含量超过0.6微克/毫升时，就会出现智能发育障碍和行为异常。当人暴露于高浓度铅环境时，最明显的临床病症是脑部疾病。症状常为易怒、注意力不集中、头痛、肌肉发抖、失忆以及产生幻觉，严重的将导致死亡。铅还会引起肾脏的病变，造成贫血，影响生长发育，损害生殖功能以及致癌等。联合国粮食与农业组织和世界卫生组织（FAO/WHO）食品添加剂委员会推荐铅的成年人每周耐受摄入量为 0.05 毫克 / 千克（以体重计），儿童每周耐受摄入量为 0.025 毫克 / 千克（以体重计）。

3. 以上提到了这么多的危害，那么哪些食品中铅含量比较高？我们在生活中应该注意哪些方面，以避免铅危害人体健康？

含铅量高的食品主要有松花蛋、膨化工艺生产的食品（如爆米花、爆黄豆、爆年糕、薯片、雪饼、虾条）、水果皮、罐装食品或饮料等。膨化食品松脆香甜、口味多样，很受年轻人尤其是儿童的喜爱，但是膨化食品中的铅含量比较高，建议少吃，更不能当做主食。公路两旁生长的蔬菜，由于助动车、摩托车等所排放废气中铅含量较高，故食用的蔬菜应加大清洗力度。

在日常饮食中，要注意尽量定时进食，因为空腹时铅在肠道的吸收率会成倍增加；增加锌、钙、铁摄入，锌、钙、铁可降低胃肠对铅的吸收和骨铅的蓄积；增加维生素 C 摄取，维生素 C 可以结合成溶解度低的抗坏血酸盐，促进铅从体内排出；每天要饮用一定量的水，水可以稀释铅在人体组织中的浓度，促进从胃肠排出；多食用抗铅食物，如蛋类可以与铅结合成硫化合物，有分解和化合铅毒作用，还有牛奶、大蒜、新鲜水果、蔬菜等。尤其是儿童，牛奶、面类、豆制品和海产品等可帮助排出体内的铅。相关部门要开展儿童血铅调查并及时予以健康指导和排铅治疗。

4. 企业和国家相关部门如何确保消费者手中的食品的铅含量安全？

首先是严格控制一些蓄电池、废旧电器回收等企业的铅排放对周边环境的污染。食品企业要按照食品中铅含量的相关标准严格控制。加强相关部门的监控、检测力度。可以根据不同的铅带入途径，采取不同的措施。比如，选择原料供应商时应对采购地的土壤、空气和水质等是否遭到铅等重金属污染进行安全评估。

如果问题出在加工过程中，则要通过改善工艺、设备来降低食品中的铅含量；

食品中本身含有的铅是无法去除的，可采用稀释等方法降低，但需要根据具体的原料具体对待。应加强生活饮用水的卫生监督，加强生活饮用水水源的卫生防护，加强环境保护，防止环境污染，广泛开展宣传教育。

5. 在我国和欧盟的铅限量的对比分析中可以看到，大部分标准是相同的，但是在鲜乳、肉类中的铅限量值要高于欧盟，这是我们国家放松了标准吗?

对于我国标准与国际标准存在差异的问题，我们在制定污染物标准时，污染物总耐受量是采纳国际数据的，但是由于中国人的膳食结构和国外不一样，我们通过食物摄入污染物的量也与国外不同，因此，污染物的限量标准不会完全与国际标准相同。例如，我国大米中重金属限量基本低于欧盟，主要是由于我们饮食结构中以大米为主。

我国加入世界贸易组织（WTO）以后要遵守国际规则，遵守卫生与植物卫生措施协定（WTO/SPS 贸易协定），WTO 允许不同国家有自己的标准，前提是有科学的依据。

对于婴幼儿，铅中毒有着不可逆的危害，尤其在 3 岁之前。故除了食品企业严格控制产品质量外，还必须加强排放污染物企业的社会责任意识和消费者自我保护意识，加强政府对铅排放监管力度，依据标准，共同科学管理，我们才可无"铅"无挂，品质生活。

第一节　"红火"的苏丹红

自 2005 年 3 月 15 日 "肯德基苏丹红事件"以来，工业染料被用于食品加工问题，一直备受人们的关注。长沙市工商局不久前公布的"滥用和非法添加"十大监管案例中，有 6 起案件涉及"罗丹明 B"，并与辣椒制品有关。那么苏丹红和罗丹明 B 究竟是什么物质？为什么要将染料添加到辣椒制品中？使用这些物质又会对人体产生哪些危害？我们在购买辣椒制品时如何辨别是否含有这些物质？

1. 苏丹红和罗丹明 B 是什么物质？它们有什么区别？一般用于何处？

苏丹红是种亲脂性偶氮化合物，为暗红色或深黄色片状晶体，难溶于水，主要有 Ⅰ～Ⅳ 4 种类型。后 3 种类型均为 Ⅰ 的化学衍生物，它们都不溶于水，溶于油脂、蜡和汽油等溶剂。苏丹红 Ⅰ 号在 1918 年以前曾经被美国批准用作食品添加剂，但随后美国取消了该许可。罗丹明 B 是一种深红色结晶或红棕色粉末，易溶于水、乙醇，微溶于丙酮、氯仿、盐酸和氢氧化钠溶液，其稀释的水溶液呈蓝红色荧光，醇溶液呈红色荧光，也曾经用作食品添加剂，但后来实验证明罗丹明 B 会致癌，现在已不允许用作食品染色。

苏丹红是一类合成的红色工业染料，应用广泛，如溶剂、蜡、汽油的增色以及鞋、地板等的增光。罗丹明 B 又称玫瑰红 B、蕊香红 B、若丹明 B 或碱性玫瑰精，俗称花粉红，是一种具有鲜桃红色的合成工业染料，属于非食品原料。常被用于腈纶、麻、蚕丝等织物、皮革、羽毛等制品的染色。同时罗丹明 B 还被用作实验室中细胞荧光染色、食品分析试剂等。

2. 为什么这种工业染料会被加入到辣椒制品中?

食品中允许使用的食用色素有天然食用色素和合成食用色素两大类。在 1850 年英国人发明第一种合成食用色素苯胺紫之前，人们都是用天然色素来着色的。天然食用色素是直接从动植物组织中提取的色素，一般来说对人体是无害的，如红曲红、姜黄素、胡萝卜素和焦糖色素等。人工合成食用色素，是用从煤焦油中分离出来的苯胺染料作为原料制成的，故又称煤焦油色素或苯胺色素，经过安全评估，允许在食品中限量使用。如合成苋菜红、胭脂红及柠檬黄等。苏丹红和罗丹明 B 由于毒性大，未被允许在食品中使用。

由于这些工业染料价格低廉，能使被添加的食品原材料不易褪色，弥补了食品久置后变色的现象，保持食品鲜亮色泽，提高食品外观品级，故被不法商家当作食用色素加入辣椒等制品中。还有一些企业将玉米芯等植物粉末用苏丹红染色后，再混于食品中，以降低成本，欺骗广大消费者。这些非法行为给人们的饮食安全带来极大隐患。

3. 使用这些物质会对人体产生哪些危害?

苏丹红含有一种叫萘的化合物，为偶氮结构。它进入体内主要是通过胃肠道微生物还原酶、肝和肝外组织微粒体和细胞质的还原酶进行代谢，在体内代谢成相应的毒性物质胺类。1995 年，欧盟等国家禁止苏丹红作为食用色素在食品中添加。2005 年 4 月，我国卫生部公布《苏丹红危险性评估报告》，并于 2006 年发布《食品中可能违法添加的非食用物质名单（第一批）》，其中苏丹红被列为严禁添加的非食用物质。研究罗丹明 B 的实验人员在老鼠试验时发现，大鼠、小鼠经长期喂养后多个器官系统肿瘤发病率有增加的现象，并且罗丹明 B 会引发皮下组织生长肉瘤，被怀疑是致癌物质，毒性堪比苏丹红。

在对苏丹红 I ~ IV 的多项化学与生物实验中发现，苏丹红 I 在体内的代谢产物为苯胺和 1-氨基-2-萘酚。一旦苯胺接触人体皮肤或进入消化系统后，可直接作用于肝细胞，引起中毒性肝病，还有可能诱发肝脏细胞基因发生变异，增加人体癌变概率；另一方面，有可能因为苯胺进入人体后的代谢物（硝基苯衍生物等）可将血红蛋白结合的 Fe^{2+} 氧化为 Fe^{3+}，导致血红蛋白无法结合氧而患上高铁血红蛋白症。另据报道，长期摄入苯胺还可损害人体的神经系统。萘酚具有致癌、致畸、致敏和致突变的潜在毒性，对眼睛、皮肤和黏膜有强烈刺激作用，大量吸收可引起出血性肾炎。苏丹红 II、III、IV 在体内代谢的其他各产物均为苯胺或萘酚的衍生物，这些衍生物均被国际癌症研究机构（IARC）列为第 2 类（对动物怀疑有致癌性物质）或第 3 类致癌物质，具有遗传毒性，一旦摄入可能危害其机体。

4. 如何检测苏丹红和罗丹明 B？

国内涉及苏丹红的检测标准目前有 GB/T 19681-2005《食品中苏丹红染料的检测方法高效液相色谱法》和 NY/T 1258-2007《饲料中苏丹红染料的测定高效液相色谱法》。罗丹明 B 检测标准有 SN/T 2430-2010《进出口食品中罗丹明 B 的检测方法》等。

2012 年 2 月，华南农业大学食品学院研究人员用高效液相色谱法（HPLC）

同时测定了食品中 7 种非食品用色素。2014 年 4 月，北京市疾病预防控制中心研究人员采用凝胶净化 / 超高效液相色谱电喷雾质谱法检测了调味油中 11 种禁用偶氮染料及罗丹明 B，该研究通过凝胶渗透色谱（GPC）法对提取后的样品进行净化，可有效去除调味油中大量脂质类物质和天然色素，减少基质抑制，采用液相色谱——质谱法多离子反应监测（MRM）模式，能够使化合物有效分离，从而实现了调味油中苏丹红 I ~ IV、苏丹黄和罗丹明 B 等 12 种染料的同时检测。

5. 我们在购买辣椒制品时如何辨别是否含有这些物质？

我国卫生部和国家质检总局已将苏丹红和罗丹明 B 等列入监控重点，加强了对辣椒制品的监控。这里为市民推荐简单易行的方法，可以在购买时初步判断是否为含有苏丹红和罗丹明 B 的辣椒制品。比如正常的辣椒面干燥、松散，粉末为油性，颜色自然，呈红色或红黄色，无霉变，不含杂质，无结块，无染手的红色。经过染色的辣椒则颜色非常鲜艳，不自然，辛辣味不强烈。正常辣椒面的红色是一种植物性色素，存放久了，颜色会慢慢黯淡下来，而染过色的，即使曝晒仍会非常鲜红。还有一招，就是在辣椒面中加一点食用油搅拌，一段时间后油的颜色变红，这可能是染色辣椒。

消费者在选购辣椒及辣椒制品时，一定要仔细观察辣椒及辣椒制品产品的外观，尽量选择那些自然色的产品，不要被鲜艳的红色所蒙蔽。另外，应购买具有法定资质检验机构提供的"不含苏丹红等工业染料"检验报告的辣椒制品，以免上当受骗。

人们享受美味，色香味缺一不可，色位于其首。尤其是那诱人的辣椒红会使人们联想到各种美味，使辣椒市场商机无限。但良好的辣椒市场声誉需要厂商的维护，商道乃人道也，食用色素尚需安全限量，更何况是工业染料。人的安全若受到危害，何来厂商长久的利益。探寻科学的保鲜技术，规范生产，以品质打造辣椒市场才是成功之王道。

第二节 互利共生的大肠杆菌

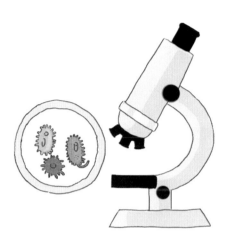

2006 年，美国的菠菜被大肠杆菌 O157:H7 污染，疾病波及半个美国；2011 年，欧洲的"毒黄瓜"事件，也是由于大肠杆菌污染蔬菜引发的感染。大肠杆菌在全球已经引发了多次大规模的感染，导致很多人死亡。大肠杆菌这个名字对于我们来说并不陌生，而大肠杆菌 O157:H7 又是什么样的细菌呢？主要存在于哪些食品中？对人体有哪些危害？我们又该如何避免食用被该菌污染的食品以保障自身健康？

1. 大肠杆菌是什么样的细菌？它和人体的关系是什么呢？

大肠杆菌是一类与我们日常生活关系非常密切的细菌，学名"大肠埃希菌"，属于肠道杆菌大类中的一种。它是寄生于人体大肠里对人体无害的一种单细胞生物，结构简单，繁殖迅速，易被培养。它还是生物学上重要的实验材料。在婴儿刚出生的几个小时内，大肠杆菌被婴儿吞咽至肠道内定居。

正常情况下，大多数大肠杆菌"安分守己"，它们不但不会给我们的身体健康带来任何危害，反而还能竞争性抵御致病菌的进攻，同时还能帮助人体合成维

生素 K_2，与人体是互利共生的关系。只有在机体免疫力降低或肠道长期缺乏刺激等特殊情况下，这些平日里的"良民"才会"背井离乡"，移居到肠道以外的地方，例如胆囊、尿道、膀胱或阑尾等地。由于生存环境的变异，为争夺"新地盘"，使其"性情大改"，造成这些部位感染或全身播散性感染。因此，大部分大肠杆菌通常被看作机会致病菌。

2. 大肠杆菌的分类有哪些呢?

大肠杆菌是人和动物肠道中的正常菌群，一般对人无害。它有 3 种抗原结构，即菌体抗原（又叫 O 抗原）、包膜抗原（又叫 K 抗原）和鞭毛抗原（又叫 H 抗原）。O 抗原是对大肠杆菌进行分型的基础，目前发现有 170 多种。其中一些特殊的血清型具有致病性，可引起人类感染性腹泻。

引起人类感染性腹泻的大肠杆菌又被分为 5 类，即肠致病性大肠杆菌、肠产毒性大肠杆菌、肠侵袭性大肠杆菌、肠聚集性大肠杆菌和肠出血性大肠杆菌（EHEC）。肠出血性大肠杆菌因其能引起出血性肠炎而得名。肠出血性大肠杆菌包括几种血清型，分别为 157、26 和 111。分离出的主要致病菌株为 O157:H7，还包括 O26:H11、O111 及无动力的 O157 菌株 O157:NM 等。目前，人们还在不断发现其他型菌株与出血性肠炎的关系。

3. 大肠杆菌 O157:H7 有什么特点?

大肠杆菌 O157:H7 为革兰染色阴性，它有动力，两端为钝圆，没有芽孢，但有周鞭毛，大多数菌株还有荚膜，属短杆菌。它对热敏感，最适生长温度为 37 摄氏度，30 摄氏度~42 摄氏度时在肉汤中生长良好，55 摄氏度经 60 分钟可有部分存活，在 75 摄氏度的水中 1 分钟可被杀死。

大肠杆菌 O157:H7 抵抗力较强，耐酸耐低温。在自然界的水中可存活几周甚至几个月，在冰箱内则可长期生存；在 pH 值为 2 的酸性果汁中可存活几十天；

对氯敏感，在氯含量为 1 毫克 / 升的水中可被杀死；大肠杆菌 O157:H7 具有含 60 MD 质粒的纤毛，此纤毛能与 Henle407 细胞相黏附。

4. 这类肠出血性大肠杆菌传染的途径有哪些呢?

肠出血性大肠杆菌感染是一种人畜共患病。凡是体内有肠出血性大肠杆菌感染的病人、带菌者、家畜或家禽等都可传播此病。动物传染作用尤为突出，较常见的传播此病的动物有牛、鸡、羊、狗和猪等。其中以牛的带菌率为最高，可达 16%，而且牛一旦感染这种细菌，它的排菌时间至少为一年。

人们一般是通过饮用受污染的水或进食未熟透的食物(特别是牛肉和汉堡扒)而感染。饮用或进食未经消毒的奶类、芝士、蔬菜及果汁而染病的个案亦有发现。此外，若个人卫生习惯欠佳，则可以通过人之间的传播途径，或由于进食受粪便污染的食物而感染该种病菌。患病或带菌动物往往是动物或食品污染的根源。

5. 食用了被大肠杆菌 O157:H7 污染的食品后会产生哪些危害呢? 哪些人易感染该菌?

肠出血性大肠杆菌产生的毒素称为志贺样毒素或类志贺毒素，这是因为它们与志贺氏痢疾杆菌产生的毒素相似。大肠杆菌 O157:H7 是一种与公共卫生有关的最重要的出血性大肠杆菌血清类型，然而在病例中也经常涉及其他血清类型。

人群对此种大肠杆菌普遍易感，尤其是老人和儿童。而且老人和儿童感染后症状往往较重，容易并发溶血性尿毒综合征和血小板减少性紫癜等并发症。因而严重的暴发流行往往容易发生在幼儿园、学校、监狱、敬老院甚至医院等公共场所。在 1996 年日本的该菌大流行事件中，患病者大多数为学生。

6. 国内外对大肠杆菌监测的情况如何?

在美国、英国和日本等许多国家最初采用的是非法定的报告方式。报告中的感染率和发病率不能反映实际情况。后来许多国家使用了统一的诊断和检验标准，对病例进行法定报告管理。欧洲的大肠杆菌监测系统已取代了沙门氏菌监测系统；美国 CDC 食源性疾病监测系统也已开展了对肠出血性大肠杆菌感染的监测。

我国于 2000 年开始在全国开展对肠出血性大肠杆菌感染性腹泻的监测。目前，相关的检测标准有 GB/T 4789.36-2008《食品卫生微生物学检验 大肠埃希氏菌 0157:H7/NM 检验》和 SN/T 0973-2000《进出口肉及肉制品中肠出血性大肠杆菌 O157:H7 的检验方法》等。GB 19644-2010《食品安全国家标准 乳粉》、GB 7099-2003《糕点、面包卫生标准》、GB 2726-2005《熟肉制品卫生标准》等卫生标准中对大肠杆菌数量提出了限值标准。

7. 如何避免大肠杆菌的传播？

大多数的肠出血性大肠杆菌爆发都是由于食物和水源被污染所致。因而要加强对家畜、家禽、肉产品和奶类的管理。

要从食物链的每个环节，即从农牧业生产活动、副食品的加工和在工厂及家庭条件下的制备过程采取控制措施。重点应加强对冷冻食品的管理，防止食品被污染，同时要养成良好的生活习惯。饭菜食用前要充分加热（食物的所有部分至少达到 70 摄氏度以上时可杀灭该菌）、饭前便后要洗手、避免生食蔬菜和水果，要洗净再吃等。

大肠杆菌感染事件的爆发，源于人及动物体内大肠杆菌生存环境的变异，导致它在"背井离乡"争夺其他菌群生存地盘的战争中，污染了水源和食物等，从而危害了人体健康。因此，要保障生活品质，就必须要养成良好的卫生习惯，并以健康的生活方式，为这些杆菌提供适宜的肠道环境。生产企业则应规范食品（特别是生鲜食品）的生产和监测，避免交叉污染，保障食品安全。同时，相关监管部门对易感染的食品要加强监管。

第三节　一"白"岂能遮百丑?

　　2001~2013 年，在全国各地的监督检查中数次发现，有数百家企业涉及在腐竹等食品中非法添加甲醛次硫酸氢钠（俗称"吊白块"）。那么，吊白块究竟为何物？其主要用途是什么？为什么会出现在食品中？对人体健康有何危害？生活中该如何避免食用添加有吊白块的食品呢？

1. 何谓吊白块？一般用于哪些领域？

　　吊白块是甲醛次硫酸氢钠的俗称，易溶于水，微溶于醇，白色块状或粉末状，无气味或略有韭菜气味；主要用作橡胶工业丁苯橡胶聚合活化剂、印染印花工艺漂白剂、感光照相材料助剂、日用工业漂白剂以及应用于医药工业等。

　　吊白块又称雕白块、雕白粉，其高温分解物质为二氧化硫与甲醛，常用作氧化还原催化剂制备合成树脂和合成橡胶，也用作解毒剂、糖类漂白剂、除垢剂、洗涤剂以及用于制备靛蓝染料、还原染料等，其作用有漂白、防腐、增强韧性。

2. 食品中为何会加入吊白块？

可能有以下原因：由于吊白块具有漂白、增色、改善食品口感及防腐等作用，违法生产商不从工艺、原材料等入手，而是无视法律法规和消费者人身安全，采用非法添加吊白块的手段来提高食品外观、口感，延长保质期和降低成本，提高市场竞争力。如在粉丝中放入吊白块可使其变得韧性好、爽滑可口、不易煮烂等。

有的非法厂商甚至用此来掩盖使用劣等原料加工米粉的事实，让原来暗黑色的米，经过漂白后，呈现出比优质米还要好的白度，且颇具韧劲。但在下锅后，米粉却会变得软绵绵，没了"嚼头"；不少个体食品加工者还误以为吊白块是传统的食品添加剂，在加工过程中盲目添加；还有部分食品生产、销售企业对进货把关不严，使用一些含吊白块的原材料加工食品或直接销售含有吊白块的食品，如用于豆腐、豆皮、米粉、鱼翅、糍粑的加工等。

3. 食品中非法添加吊白块对人体的危害有哪些？有何症状？

吊白块是致癌物质之一，经加热的吊白块会分解出剧毒致癌物质，比如甲醛。甲醛进入人体后可引起肺水肿，肝、肾充血及血管周围水肿，并有弱的麻醉作用；吊白块进入人体后，对细胞有原浆毒作用，可能对机体的某些酶系统有损害，从而造成中毒者肺、肝、肾系统的损害。以呼吸系统及消化道损伤为主要特征。

消费者食用后会引起胃痛、呕吐和呼吸困难，严重的还会导致癌变和畸形病变。普通人摄入纯吊白块 10 克就会中毒致死，故国家明文规定严禁在食品加工中使用。其分解产生的有毒气体可使人头痛、乏力、食欲减退甚至导致鼻咽癌等疾病。

4. 食用了含吊白块的食品应如何处理？

对因进食含甲醛类的食品而引起不适的，应立即饮 300 毫升清水或牛奶，立即到附近医院治疗。甲醛中毒目前尚无特效解毒药，口服后应尽快洗胃，洗胃后灌入 30~60 克活性炭及 3% 碳酸铵或 15% 乙酸铵（醋酸铵）100 毫升，使甲醛变为毒性较小的六亚甲基四胺。可应用缓泻剂以加速毒物排泄。密切观察，防治上消化道出血。

基于甲醛的急性毒性和对人体伤害，美国环保局规定甲醛仅能在限定范围和应用量的条件下作为动物食品添加剂。根据收集到的资料，面粉和粉丝中检测出的甲醛浓度虽尚不足以引起食用者发生严重的急性中毒，但其长期、潜在的影响应引起人们的高度重视。

5. 国内针对食品中非法添加吊白块，有哪些政策法规和标准？

1988 年 3 月，我国曾明文禁止在粮油食品中使用吊白块等非食用添加剂。从 1996 年发布的国家标准 GB 2760《食品添加剂使用卫生标准》至今，从未将吊白块列入食品添加剂名单中，即说明此物质从未被允许添加于食品中。

2002 年 7 月，国家质检总局出台了《禁止在食品中使用甲醛次硫酸氢钠（吊白块）产品的监督管理规定》，加强了对吊白块产品质量及其生产经营的监督管理，从源头上为堵住非食品原料吊白块流入食品企业提供了监管和执法依据。目前，国家相关检测标准有 GB/T 21126–2007《小麦粉与大米粉及其制品中甲醛次硫酸氢钠含量的测定》。

6. 消费者如何鉴别食品是否含有吊白块？

一般说来，食品中吊白块成分不容易鉴别，只能通过专业检测才可以确认。普通消费者在选购食品时可以通过外观来初步鉴别，如豆腐、银耳、腐竹等本身含有自然颜色的食品，若呈现出特别雪白的颜色则有可能是因为掺入了吊白块所致。对于水产品来说，还可以通过看、闻、捏等方式综合起来加以鉴别，新鲜正常的水产品应带有一些海腥味，而加了吊白块的水产品，凑近时可以闻到轻微的甲醛的刺激性气味。像虾仁、海参这样的水产品若加入吊白块，虽然看起来肥硕壮大、特别鲜亮丰满，却没有新鲜水产品那样的韧性，一般较硬且脆，一下锅就散架了。

7. 哪些食品是潜在的吊白块藏身地?

米线（粉）是报道最多的非法加入吊白块的食品。米线（粉）是以大米为原料，经浸泡、蒸煮、压条等工序制成条状、丝状米制品，其质地柔韧，富有弹性，水煮不糊汤，干炒不易断，配以各种菜或汤料进行干炒或汤煮，爽滑入味，深受广大消费者（尤其是南方消费者）的喜爱。因此，不少商家会在米线（粉）上做文章。另外，白糖、单晶冰糖、粉丝、面粉、腐竹等都可能暗藏吊白块，所以在选择食品时，不要过分追求食品的白度。

为了改善外观、质地、防腐和增加重量，鱿鱼、牛百叶、鸭肠等水发食品和水产品，容易被加入非法物质，能使重量翻倍，从而获利更多。还有海参、鱼翅、粉丝、竹笋、干制食用菌、肉干、鱼干等干制品，以及豆制品、各种面制品等易被添加甲醛类物质。在腐竹、粉丝、面粉、竹笋等食品中，为了增白、保鲜、增加口感、防腐等，易被添加吊白块。

"吊白块"虽"炼就百般武艺"，在材料性能提升中发挥着重要作用，但在食品领域，它却被拒绝在国家食品添加剂标准之外，其根本原因在于对人体危害上。故生产商必须依据国家安全、检测标准，把好原料关，并提升工艺水平，打造安全、高品质产品去赢得消费者、赢得市场。

第一节　"被潜伏"的甲醇

　　每逢佳节，少不了助兴的美酒。其中，用传统法制成的白酒极品已被视为世界名酒中的一朵奇葩。白酒又称烧酒、老白干等，这类美味佳酒在助兴的同时，却不时传来因误喝甲醇或甲醇超标的白酒造成中毒甚至死亡的报道，下面我们就来谈谈甲醇的危害并分析其中毒原因。

1. 甲醇是怎样的一种物质?

　　甲醇外观与乙醇极其相近，为无色澄清液体，肉眼无从区分，带有刺激性气味，微有乙醇样气味，易挥发，易流动，能与水、醇、醚等有机溶剂互溶，能与多种化合物形成共沸混合物、溶剂混溶，溶解性能优于乙醇，能溶解多种无机盐类，如碘化钠、氯化钠等。它是饱和一元醇，又称"木醇"或"木精"。甲醇易燃，其蒸气能与空气形成爆炸混合物，可作为燃料等。

2. 甲醇对人体有哪些危害呢？其中毒机制是什么？

甲醇有较强的毒性，对人体的神经系统和血液系统影响最大，它经消化道、呼吸道或皮肤摄入都会产生毒性反应。吸入甲醇蒸气能损害人的呼吸道黏膜和视力。短时大量吸入，会出现轻度上呼吸道刺激症状（口服有胃肠道刺激症状）；经一段时间潜伏期后出现头痛、头晕、乏力、眩晕、酒醉感、意识蒙眬、谵妄，甚至昏迷。视神经及视网膜病变，可有视物模糊、复视等，重者失明。代谢性酸中毒时出现CO_2结合力下降、呼吸加速等。若长时少量摄入，可患神经衰弱综合征，自主神经功能失调、黏膜刺激、视力减退等。皮肤出现脱脂、皮炎等。

甲醇摄入量超过 4 克就会出现中毒反应，误服一小杯超过 10 克就能造成双目失明，饮入 30 毫升致死。甲醇在体内不易排出，会发生蓄积，在体内氧化生成的甲醛和甲酸也都具有毒性。在甲醇生产工厂，我国有关部门规定，空气中允许甲醇浓度为 50 毫克／立方米，在有甲醇蒸气的现场工作须戴防毒面具，废水要处理后才能排放，允许含量为小于 200 毫克／升。另外该物属于易燃品，有燃爆危险。

甲醇经人体代谢产生甲醛和甲酸（俗称蚁酸），后者对人体产生伤害。常见的症状是，先是产生喝醉的感觉，数小时后头痛、恶心、呕吐，以及视线模糊。严重者会失明，乃至丧命。这是因为甲醇的代谢产物甲酸会累积在眼睛部位，破坏视神经细胞。脑神经也会受到破坏，产生永久性损害。甲酸进入血液后，会使组织酸性越来越强，损害肾脏导致肾衰竭。

3. 若不小心接触到甲醇或误食甲醇，该怎么处理呢？

若皮肤上不小心沾上甲醇，应脱去污染的衣着，用肥皂水和清水彻底冲洗皮肤。若甲醇不小心溅入眼睛，应提起眼睑，立即用流动清水或生理盐水冲洗，并随即就医。若不小心吸入，应迅速脱离现场至空气新鲜处，保持呼吸道通畅。

呼吸困难者，给输氧。若呼吸停止，立即进行人工呼吸，并随即就医。若误食，则应饮足量温水，催吐，用清水或 1% 硫代硫酸钠溶液洗胃，且立即就医。

4. 合格白酒中是否含有甲醇？

在酿酒发酵的化学反应过程中，会生成极微量的甲醇，只要符合国家和行业规范的标准，就是无害的。我们经常听到的喝白酒以致甲醇中毒或者死亡事件，主要是因为喝了甲醇超标的白酒，多为散装白酒。有些乡镇酿酒作坊因生产工艺比较简陋，生产的白酒中甲醇含量往往超过国家规定的卫生标准。我国对蒸馏酒及配制酒的卫生标准规定，甲醇含量以谷类为原料者不得超过 0.04 克 /100 毫升，以薯干和代用品为原料者不得超过 0.12 克 /100 毫升。白酒中的甲醇含量超过国家卫生标准时，则不能上市销售，以保障消费者的饮用安全。

还有一些不法商贩用工业酒精勾兑白酒，以致食用后发生甲醇中毒。工业酒精即工业上使用的乙醇（酒精），也称变性乙醇（酒精）、工业火酒。工业酒精含有 96% 乙醇和 1% 甲醇。工业酒精的纯度一般为 97% 和 99%。工业酒精一般为无色透明液体，略带酒的芳香气味。主要是印刷厂和电子厂的清洗，不能作为医用酒精使用。工业酒精不能用于人体的消毒，因为甲醇会导致中毒，用于皮肤消毒也会有部分被皮肤吸收，中毒后严重的可导致失明甚至死亡！

5. 消费者该如何选购白酒呢？

至于如何选购白酒，简单地从外观上是分辨不出来的，又不能开盖来闻，刺鼻也不能完全就说这酒是工业酒精兑的。只能从最基本的常识来说：最好别买散装酒（因为散装的质量环节很难控制，除非是有一定信誉度或知道底细的自酿谷酒）；不要买三无产品及包装次劣的产品（三无产品的质量肯定难以保证）；价钱低得离谱的产品（违背了经济规律，谁会亏本来做生意，只听过只有买错的，没

有卖错的)。

6. 自家酿酒的过程中如何尽量减少白酒中甲醇的含量？

酿酒原料中含有的果胶质是甲醇生成的基础，它主要集中在原料的表皮，如含果胶多的水果、薯类的表皮、米麦的表面、谷糠麸皮的内表面等。因此，酿酒原料的选用极其重要，应选用含果胶质低和没有变质的原料。

凡含果胶质量高的原料、辅料，可采用通蒸汽闷料，以去除原料中的果胶质，一般将原料通蒸汽 30 分钟左右，便可去除甲醇。

发酵时要减少黑曲霉菌的用量，最好不用黑曲霉作糖化剂，因生产原料发酵时所采用的真菌与甲醇的生成有密切关系。常用的糖化力较强的黑曲霉菌会增加白酒中甲醇的含量。白霉、黄霉菌含果胶酶少，用它们作糖化剂，酿出来的白酒中的甲醇量明显降低。初蒸出来的"头酒"甲醇含量偏高，不宜食用。

有意无意，甲醇都有可能被带入白酒中。只有真正了解其产生的根本原因，才能防范并加以控制，无论生产者、销售商、消费者自身都需要提高风险意识。美酒虽佳，请远离甲醇！

第二节　拉响饮水安全警报

卫生部门曾在一次卫生安全抽样检查中发现，10余种不合格净水器产品中有部分型号存在砷超标的问题。净水器为何会出现砷超标？部分厂家将此归咎于"运输和储存过程中污染导致"，但业界却对此解释充满质疑。那么，这个砷究竟为何物？摄入砷含量超标水会对人体健康造成哪些伤害呢？

1. 砷为何物？

砷位于元素周期表中的第ⅤA族，原子序数为33。砷元素广泛存在于自然界，已被发现砷的化合物共有数百种。砷的许多化合物都带有致命的毒性，常被加在除草剂、杀鼠药中。砷作为电导体，被使用在半导体上。化合物通称为砷化物，常运用于涂料、壁纸和陶器的制作当中。我们所熟悉的砒霜，就是三氧化二砷的俗称。

砷是一种以有毒而著名的类金属，有灰、黄、黑褐三种同素异形体。其中，灰色晶体是最常见的单质形态，脆而硬，具有金属光泽。砷在化学元素周期表的位置正好位于磷的下方，两者化学习性相近，故砷很容易被细胞吸收而导致中毒。砷可分为有机砷和无机砷，其中无机砷毒性较强。另外，有机砷和无机砷又分为三价砷和五价砷，在生物体内砷的价数可以互相转变。

2. 为什么净水器中会存在砷超标的问题？

净水器砷超标问题可能主要来源于滤头和滤芯材质的选择上。滤芯是净水器的核心部件，按滤芯的组成结构，净水器一般可分为反渗透（RO）净水器和超滤膜净水器。RO 净水器，由于 RO 膜孔径远远小于病毒和细菌，所以净化精度最高。但这种净化方式成本较高，制作产出率较低。另一种较为常见的是超滤膜净水器，以超滤膜为主，辅以活性炭、中空纤维等其他滤芯技术，但其净化程度相对于前者来说比较低。存在砷超标问题的净水器基本都是使用后一类滤芯。在这些材料中，最有可能导致砷超标的是活性炭，因为制作活性炭的原材料本身或其生产过程中都可能受到砷污染。

有调查发现，问题净水器的滤芯所用材料虽然各不相同，但都采用了活性炭、丙纶（PP）棉这些基本滤料，并且均添加了中空纤维超滤膜或者纯铜锌合金（KDF）。作为净水器的核心部件，活性炭滤芯合格率普遍偏低。正是这些不合格的"黑芯"，为净水器砷超标埋下了祸根。由于滤芯为多种材料复合而成，首先世界各地的矿厂所开采出的矿物原材料中所含金属成分不一样，加上各公司质检标准不一致，都可能是产生问题的原因。另外，合金材料也可能是砷超标的根源所在。砷可用于制造硬质合金，如在铜中加微量砷可以防止脱锌，净水器中使用的 KDF 即为纯铜锌合金。

3. 摄入砷含量超标会对人体健康造成哪些伤害？

GB 5749－2006《生活饮用水卫生标准》规定砷含量不得高于 0.01 毫克／升，

与世界卫生组织、欧盟等饮用水标准一致。无机砷是致癌物质，过量摄入会引发皮肤、心血管、呼吸系统和神经系统癌变等问题。砷吸收后通过循环系统分布到全身各组织、器官，对循环系统的危害首当其冲。临床上主要表现为与心肌损害有关的心电图异常和局部微循环障碍导致的雷诺综合征、球结膜循环异常和心脑血管疾病等。砷具有神经毒性，长期砷暴露可观察到中枢神经系统抑制症状，包括头痛、嗜睡、烦躁、记忆力下降、惊厥甚至昏迷和外周神经炎伴随的肌无力、疼痛等。

砷对周围神经损害涉及面广泛，运动神经、感觉神经都可受到不同程度影响。进入人体的砷主要经尿液排出，因此不可避免地对肾脏产生一定的影响。砷可通过血脑屏障或胎盘屏障进入胎儿体内影响胚胎发育，导致先天畸形，严重时可发生流产、死胎。肺脏是砷致癌的靶器官之一，长期砷暴露可导致肺癌发病率升高。有资料显示，慢性砷摄入与皮肤癌密切相关，而且可能也会导致肺癌、膀胱癌、肾脏癌、大肠癌等疾病。

4. 砷超标事件背后，隐藏了净水器行业怎样的乱象？

目前，我国对活性炭的质量、安全性与功能并没有明确的评价体系，水处理设备也尚未建立起完整的行业标准体系。与国外品牌相比，国内净水器的生产与产品品质更是参差不齐。国内净水器生产企业有 3 000 多家，但大多数是无专业设计、未取得卫生许可批件的小作坊。净水器中使用最广泛的材料是活性炭，包括椰壳炭、果壳炭还有廉价的煤质炭等。由于价格差异大，吸附能力强弱悬殊，其净化效果也依次递减，而这些材质差异从外观上是看不出来的。因此，有某些小厂就出现用低价煤质活性炭替代椰壳活性炭，拿回收塑料替代食品级塑料用在涉水部件上。更有甚者，有些活性炭生产厂回炉处理报废的活性炭，再冒充新品卖出或掺进新活性炭中，以降低成本和售价。

许多净水器在广告中纷纷打出了"亲水膜"、"纳米膜"、"超滤膜"、"纯晶技术"、"远红外矿化"等高科技名词。销售人员在介绍产品时，虽然使用的概念不同，但其最终目的都是强调能达到各种防病治病的功效：祛斑美容，延缓衰老，预防癌症，补充钙质，改善胃痛，有效预防及治疗高血压、糖尿病、痛风、心脏病……而不同产品更是存在从几百元到上万元不等的价格差异，不少消费者只能从价格来判断质量的好坏。目前，净水器行业标准有 QB/T 4144－2010《家用和类似用途反渗透净水机》、QB/T 4143－2010《家用和类似用途超滤净水机》。其中，对于水质安全按照最基本的生活饮用水卫生标准。那些砷超标的净水器连基本的水质安全都未达到。

5. 如何确保家庭饮水安全？

真正健康的水是在无污染的基础上，还包括两种最根本的标准：一是天然弱碱性，二是水中要含有多种矿物质和微量元素。净水器在过滤净化水的过程中，虽然过滤了一些悬浮物，但同时也将水中大量人体必需的矿物质和微量元素过滤掉了。而且，这种净化和过滤，将原本属于中性水或者弱碱性的水，变成了酸性水，和纯净水的 pH 值差不多。长期饮用酸性水有损人体健康，这早已为众多专家证实，成为业内共识。当然，在一些自来水水质不稳定的地区和时期，使用一下净水器，也未尝不可，但不宜长期使用。现阶段家庭中要解决健康饮水的问题，最好是分质用水，即煮饭、煲汤和饮用等进入人体的水，使用桶装矿泉水，而洗菜、洗衣、洗脸、洗澡等日常生活用水则用自来水。

桶装纯净水其实就是由自来水净化而来，跟净水器净化的水差别不大。高天然矿泉水一般源于人迹罕至的高山冰川，多为地下水，受到岩层的严密保护，隔绝了地表的污染，并且含有多种矿物精华和微量元素，对人体来说，堪称是非常符合生理需要的水。因此，家庭饮水最好选择桶装天然矿泉水，但需要定期清洗管路。选择天然矿泉水则最好选择产地明确、生产工艺先进、运营规范的大品牌和大企业的产品，这点非常重要。人喝的水，80% 都直接进入血液中，水质决定着人的体质，并对人一生的健康和寿命有着巨大的影响。对于长期饮用的水，人们应该高度重视并谨慎对待。

　　净水器原本被人们用来净化自来水中可能存在的异物，提升饮用水质，保障身体健康。但如果其本身就存在质量问题，结果只会事与愿违，轻则导致水质二次污染，严重的甚至制造"毒水"，危及健康。此外，消费者也应加强安全意识，养成根据产品说明书定期更换净化材料的习惯，避免"祸从口入"。

第三节　又爱又恨的亚硝酸盐

近几年，有关食品中亚硝酸盐超标的报道屡见不鲜，如"某高端品牌天然矿泉水因亚硝酸盐超标，上了国家级质量不合格产品黑榜"、"把亚硝酸盐当成食用盐加入食物中，导致中毒的现象屡有发生"等。通常人们谈到亚硝酸盐往往会联想到腌制食品，而天然矿泉水中怎么会有亚硝酸盐呢？难道是添加的？它有什么危害？亚硝酸盐除了可能存在于水中，还可能存在于哪些食物中？我们如何来降低它的污染和危害，确保食品安全呢？

1. 亚硝酸盐到底是什么物质？

亚硝酸盐是一类无机化合物，白色至淡黄色粉末或颗粒状，易溶于水，味微咸，外观与食盐相似，两者单靠肉眼基本无法识别。通常它被作为功能护色剂或防腐剂添加到食品中。

2. 亚硝酸盐对人体有危害吗？它从哪里来？怎么会出现在天然矿泉水中呢？食用了含有亚硝酸盐的水会产生什么危害？

亚硝酸盐能使血液中正常携氧的低铁血红蛋白氧化成高铁血红蛋白，导致其失去携氧能力，从而引起组织缺氧。成人一般摄入亚硝酸盐 0.2 克以上即可引起中毒，3 克即可致死。过量摄入亚硝酸盐，易患铁血红蛋白血症，其主要症状有：头痛、虚弱以及呼吸困难等。长期食用高亚硝酸盐含量的食品，其转化成亚硝胺这类致癌物的概率则大大提高。

另外，亚硝酸盐能透过胎盘，导致胎儿畸形。一些高铁血红蛋白血症的儿童就是因为过量食用了亚硝酸盐而引起中毒，表现的症状有：轻度中毒的会口唇、舌尖或全身皮肤青紫；中度中毒的会头晕、头疼、乏力、心跳加速、嗜睡或烦躁、呼吸困难及腹泻等；严重中毒的则会昏迷、惊厥或大小便失禁，甚至因呼吸衰竭而导致死亡。

GB 8537－2008《饮用天然矿泉水》中规定了亚硝酸盐含量应小于 0.1 毫克 / 升。由于氮是自然界中广泛存在的元素，植物的生长必须要有氮肥。植物吸收环境中的氮，通过复杂的生化反应最终合成氨基酸。亚硝酸盐的形成过程中，硝酸盐的存在是前提。在植物体内有一些还原酶，可以把一部分硝酸盐还原成亚硝酸盐，故天然矿泉水中的亚硝酸盐超标，有可能是水源受到细菌和硝酸盐的污染；也可能是生产环境，如灌装设备或灌装盛器卫生等情况差；还可能是由于水瓶被污染或运输储存过程遭遇细菌污染等，在短期内（如一周内）细菌能将硝酸盐还原为亚硝酸盐。长期饮用高含量亚硝酸盐的水可能会引起中毒等一系列状况。

3. 既然亚硝酸盐有那么多危害，为什么有些食品中要添加亚硝酸盐呢？

该物质具有两面性。GB 2760－2011《食品安全国家标准 食品添加剂使用标准》中规定：亚硝酸钠、亚硝酸钾为功能护色剂、防腐剂，并在不同的食品中规定了其最高限量。这与天然矿泉水中亚硝酸盐的来源有着本质的区别。亚硝酸盐作为食品添加剂，在肉制品中运用最广。它具有发色作用，可以让肉制品呈现诱人的肉红色，增加消费者的购买欲，提高肉制品的商品性。同时，亚硝酸盐是一种良好的抑菌剂，在 pH 值为 4.5~6.0 的范围内对金黄色葡萄球菌和肉毒梭菌的生长有抑制作用。

亚硝酸盐和食盐的功能都是改变了肌红细胞的渗透压，增加了盐分的渗透。同时，它可以促进肉制品的风味成熟，并消除肉制品的异味，防止肉制品内脂肪的氧化而产生的不良风味，提高产品的风味品质；在腌制肉类过程中，能使其胶原蛋白数量增多，从而增加肉的黏度和弹性，保持其良好的口感。从这些方面来看，它是维护食品品质的好帮手。

4. 如何才能防止食用食品中亚硝酸盐带来的危害呢?

首先，根据其产生的机制，企业在生产肉制品时，亚硝酸盐的添加要严格按照国家卫生标准规定，严格控制添加量，并关注标准中亚硝酸盐的适用范围；其次，由于亚硝酸盐与食盐的外观非常相似，故一定要做好原料的标示，避免误用；另外，在生产各种饮用水时，应控制好制水的各个环节，避免产品污染，造成安全指标包括亚硝酸盐的超标。

在日常生活中，我们应尽量避免食用不新鲜的叶菜类；对新鲜的蔬菜，烧熟后，若不及时吃完，吃剩的菜存放在冰箱中到第2天，则最易产生亚硝酸盐。故应避免首次污染，及时低温保存食物，这样可以减少蛋白质的分解和亚硝酸盐的形成；胡椒和辣椒等调味品应与盐分开包装。此外，还应尽量不吃刚腌制好的食物，腌制20天左右才可食用。当然，腌制的食品应选用新鲜食材，同时不宜过多、长时间作为主菜食用。消费者应多吃富含有维生素C和维生素E的食物，这样可以有效地阻断亚硝基化合物的合成，降低因亚硝酸盐的过量摄入而引起的风险。

5. 目前国家标准中对亚硝酸盐的限定主要有哪些? 应该怎么监管?

在各种饮用水的标准中，国家除了对亚硝酸盐含量进行了严格的规定外，还有针对专用于食品添加剂的亚硝酸钠生产标准GB 1907《食品添加剂 亚硝酸钠》，以及针对在食品中如何正确添加亚硝酸盐的GB 2760–2011标准。该标准对肉制

品、腌腊制品、熏、烧和烤肉类制品等中亚硝酸盐的最大使用量规定为 0.15 克 /
千克；肉类罐头中亚硝酸钠残留量不得超过 0.05 克 / 千克；肉制品中亚硝酸钠残
留量不得超过 0.03 克 / 千克等。

世界食品卫生科学委员会 1992 年发布的人体安全摄入亚硝酸钠的标准为每
千克体重 0.0~0.1 毫克；若换算成亚硝酸盐，其标准为每 60 千克体重 0.0~4.2 毫克，
按此标准使用和食用，对人体不会造成危害。

企业运用危害分析和关键控制点（HACCP）方法，即在组织生产前通过危害
分析，找出关键控制点，建立、完善监控程序和监控标准，采取规范的纠正措施。
食品生产过程是关键步骤，应重视每一步骤的风险评估与安全检测，加快风险分
析技术与检测技术的发展，加强有关亚硝酸盐检测的基础工作。从源头开始对每
个可能被污染的环节进行严格控制，远离污染。在 HACCP 管理体系原则指导下，
应将食品安全贯穿于整个生产过程中，做好每个环节的预防作用，而不是传统意
义上的最终产品检测。

一切事物都具有两面性，亚硝酸盐也不例外。当它作为食品添加剂时，集独
特的护色和防腐功能于一身的同时，也将过量食入可能致癌、致病、致畸等潜在
危害毫无保留地奉上，让消费者既爱之又恨之。如何降低这一矛盾统一体在食品
中的风险？以国家安全标准为准绳，严格控制其量的添加和消费者不过量食用是
关键点。关注食品安全、关注品质，共赢才能长久。

第四节　饮料"含氯门"

2012 年 2 月，有媒体报道山西某国际知名外资饮料企业员工爆料，因管道改造，致使消毒用的含氯处理水混入公司 9 个批次、价值约 500 万元左右的饮料产品中，且有部分产品已被当作合格产品销往市场。该消息一石激起千层浪，引起了各路媒体和社会大众的广泛关注。"含氯饮料门"中的氯究竟是什么？它有什么作用？为什么饮料中会出现氯？含氯饮料会对人体健康带来哪些危害？

1. 氯是什么物质？它有何作用？

饮料中的氯其实是指氯水。氯水是氯气的水溶液。在常温下，氯气是一种黄绿色、有刺激性气味的有毒气体，具有强氧化能力，被广泛应用于对饮用水等的消毒。在美国的自来水厂中约有 94.5% 采用氯消毒，我国的自来水厂约有 99.5% 以上采用氯消毒。

　　氯气与水反应时，生成次氯酸和盐酸。氯的灭菌作用主要是靠次氯酸，次氯酸体积很小且为中性分子，能扩散到带有负电荷的细菌表面，具有较强的渗透力，能穿透细胞壁进入细菌内部，破坏其酶系统导致细菌死亡，并能破坏病毒的核酸从而起到致死性的作用。

2. 为什么饮料中会出现余氯？

　　余氯是指水经过加氯消毒，接触一定时间后，水中所余留的有效氯。自来水里面含有氯属于常见的现象。因为，需要用氯气对自来水进行消毒处理。因此国家作出规定，允许水箱中含有一定量的余氯，用以保证水质。但是，饮料企业是不可以直接使用自来水来灌装饮料的。自来水必须经过净化处理，达到纯净水标准才能灌装。净化过程主要是处理在水里残留的余氯和一些由氯气产生的有机物和其他有害物质，以达到纯净水的标准。自来水在净化处理后，就不存在余氯了。所以，国家在检测饮料时就不再检测这一项了，但前提是必须使用合格的纯净水来灌装饮料。

　　在该饮料公司的正常生产过程中，灌装时所使用的是纯净水，不存在余氯的问题。但由于工人在管道改造后的一次误操作，即未将消毒水管道关闭，使其混入正常生产管道，灌入饮料并密封。虽经过检测证明氯含量极微，但依然存在安全隐患。

3. 含氯饮料会对人体健康带来哪些危害？

　　氯气是剧毒化学物质，会对呼吸道、神经系统和胃黏膜有很大刺激作用，中毒后轻者发生咳嗽、胸闷等症状，重者可能导致死亡或引发其他并发症。此外，氯气还会和水里很多物质发生反应，生成一系列的致癌物质。通过净化处理或煮沸，去除水中存在的有机物，可以使其达到饮用水标准。比如，家里喝的自来水应煮沸，目的主要是把水中的氯气、氯化氢物质挥发掉，饮用这样的水才更安全。

早在 1974 年，科学家们在用氯消毒过的饮用水中发现了氯仿。氯仿被认为是一种能引起遗传突变的物质。氯仿还会生成其他几种氯代物，这些物质同样有害人体健康。氯仿是在用氯对水进行消毒过程中产生的。研究表明，长期饮用地表水或经氯消毒的水，比起那些饮用井水或未经氯消毒水的人，患直肠癌和膀胱癌的危险性更大。

4. "含氯饮料门"事件是否属于食品安全事件？

由国务院食安办、中国科协等单位支持，中国食品科学技术学会组织专家召开的"2012 年公众关注的食品安全热点点评媒体沟通会"中，认定这是一起典型的由于过程控制不到位而造成的食品安全事件。事实表明生产前期监督缺位，即使像此类知名外资企业在食品质量安全控制和管理方面也存在严重疏漏。食品质量安全的关键在于食品生产企业应建立严格有效的质量控制系统，并实施全程监控的食品安全管理模式。

作为食品生产企业必须加强食品产业链全过程的质量安全控制，提高各环节监管能力。在生产过程中，发现问题后要及时采取有效措施加以应对，保证产品的安全。对于已流入市场的不合格产品要主动召回，尽可能减少危害。不应该在出现问题后隐瞒事实，欺骗消费者，应该积极主动地采取有效的应对方案，及时解决问题。

5. 很多消费者认为"洋品牌"比民族品牌更安全，事实真是如此吗？

显然不是，"含氯饮料门"就是一个典型例子，说明并不是国外的食品就比国内的食品更安全。近年来，国外的食品安全事件也频繁爆发。在 2012 年美国就发生"粉红肉渣"风暴，麦当劳、汉堡王等快餐巨头和食品杂货连锁店被曝均大量使用"粉红肉渣"，这在美国引起轩然大波。"粉红肉渣"是一种低成本的食品添加物，用牛肉余料经脂肪分离后做成肉泥，含菌较多，必须经氢氧化铵消毒处理，但其安全性和有效性受到质疑。同样是 2012 年，加拿大 XL Foods 公司的牛肉产品被检出大肠杆菌，可能含有大肠杆菌的牛肉包括在阿尔伯塔省 XL Foods 进行加工的 2 000 多种产品，被分销至加拿大各省各区，以及美国 41 个州，导致几十人染病。美国最大的有机花生酱加工商桑兰迪公司销售的花生酱，2012 年连续出现大量食用该公司制造的花生酱后感染沙门菌疫情的报告。所以，食品安全事件不单单只发生在中国，更不是国内的食品安全标准低于国外，我们应该客观公正地看待我国的食品安全问题。

我国关于食品安全的相关标准虽然有待完善，但是消费者也应该正视我国食品安全的现状。国家也应加大食品安全的科技投入，强化食品安全管理体系的建设，逐步全面实行食品安全市场准入制度，加强市场监督管理。此外，还要提高食品行业从业人员的整体素质，从根本上保障食品安全，让广大消费者可以吃上"放心安全"的食品，保障食品安全的良性发展势头。

规模化的生产，有着快速高产的优势，可一旦某个环节发生疏忽或操作失误，则将会产生大量次品甚至废品，造成的损失大且波及面广。如何降低工序误操作等可能带来的潜在风险，如何对待不合格品，如何处理误流入市场的不合格品，考验着每个企业质量管理体系的有效性和企业的诚信度。

第五节　阿斯巴甜为何受争议？

阿斯巴甜是一种非糖类（碳水化合物）类的人造甜味剂，因其甜度高、热量低，一般被作为糖代品添加于饮料、维生素含片或口香糖中，深受糖尿病患者、减肥人士青睐。但关于阿斯巴甜的安全性一直存在争议，许多国家对阿斯巴甜的使用规定也不尽相同。那么阿斯巴甜究竟是什么性质的物质？是否存在食品安全隐患？该如何正确使用？

1. 阿斯巴甜因其高甜度低热量的特点，常作为糖代品，并受到糖尿病患者和减肥人士的热捧。阿斯巴甜是什么物质？它有哪些性质？

阿斯巴甜是 1965 年在美国 G.D.Searle 药厂的实验室中发现的一种甜味料，其化学结构为天冬氨酰苯丙氨酸甲酯，甜度约为蔗糖的 180~220 倍，其热量比一般蔗糖少（1 克阿斯巴甜热量约为 16.72 千焦），使用少量即可让人感到甜味，以至于可忽略其所含的热量。又因其甜味与砂糖十分相似，并有清凉感，因此，被作为蔗糖的代替品广泛地应用于食品的各个领域。

阿斯巴甜在高温或高 pH 值情形下会水解，因此不适用于高温烘焙的食品。不过可以借助脂肪或麦芽糊精来化合提高其耐热度。阿斯巴甜在水中的稳定性主要由 pH 值决定。在常温下，当 pH 值为 4.3 时，阿斯巴甜最为稳定，半衰期约为 300 天；当 pH 值为 7 时，其半衰期仅有数天。由于大部分饮料的 pH 值均介于 3~5 之间，所以添加在饮料中的阿斯巴甜很稳定。但阿斯巴甜不宜用于固体饮料，因其氨基会和某些香料化合物中的醛基进行梅勒反应，从而导致同时失去甜味和香味。

2. 阿斯巴甜的安全性如何?

自发现阿斯巴甜以来，其安全性问题一直存在争议。研究人员从急性毒性、遗传毒性、生殖发育毒性、神经毒性、慢性毒性及致癌性等 5 个方面对阿斯巴甜进行了安全性研究，研究结果显示：(1)阿斯巴甜的急性毒性分级标准属实际无毒物；(2)遗传毒性实验结果显示，阿斯巴甜对大鼠的受孕率以及早期或晚期胚胎死亡率未产生不良影响，对大鼠骨髓细胞染色体和精原细胞染色体均未发现有致畸作用；(3)生殖发育毒性实验结果显示，高剂量的阿斯巴甜对大鼠、家兔、鸡胚胎未发现有胚胎毒性和致畸作用；(4)神经毒性研究未发现神经行为方面的疾病和症状与阿斯巴甜的摄入有关；(5)慢性毒性及致癌性研究未发现脑部肿瘤的发生与阿斯巴甜的摄入有关。

鉴于对阿斯巴甜是否具有神经毒性和致癌性问题的关注，国内外多家权威机构对动物试验和人群试验结果进行了分析评估，评估结果认为，阿斯巴甜没有致癌和神经毒性作用，阿斯巴甜作为添加剂使用是安全的。

3. 阿斯巴甜可能对人体产生哪些危害?

阿斯巴甜主要是由天冬氨酸和苯丙氨酸合成的。有研究显示，虽然日常食物中也含有这两种氨基酸，但它们并非呈游离状态，而是依附于其他蛋白质，经人体消化后，互相制衡，影响较温和。但作为甜味剂，它们以游离状态进入人体时，会严重刺激神经元，造成破坏。根据研究显示，苯丙氨酸不管是缺乏或者过多，对脑部化学环境都会产生负面影响，且不需要过高的浓度就能够造成脑部功能障碍。苯丙氨酸在血液和脑部的浓度，可能只需达到远低于与苯酮尿症相关的程度，就能够产生神经性影响。美国就曾有一些消费者抱怨，在摄入含阿斯巴甜的食品后身体产生了不适，约 2/3 的症状为神经行为方面的，包括出现头痛、情绪波动、失眠和眩晕等症状。阿斯巴甜的另一个成分——天冬氨酸是一种由麸氨酸合成的非必需氨基酸，而麸氨酸是脑中主要的兴奋传导物质。

苯丙氨酸会降低安抚性神经传导物质"血清素"的浓度，而天冬氨酸则会进一步对脑部产生刺激。

阿斯巴甜会被小肠内的胰凝乳蛋白酶分解产生甲醇、苯丙氨酸和天冬氨酸，继续代谢则得到甲醛、甲酸和一种二酮哌嗪类物质。甲醇是一种有毒物质，容易被吸收，但难以排出体外。因此，美国环境保护局建议每日不可摄取超过 7.8 毫克甲醇。含阿斯巴甜的产品因储存不当或被加热到 30 摄氏度及以上，都会导致更多的甲醇产生，对人体造成危害。阿斯巴甜引起的伤害多数不是即时的，可能需要 1 年、5 年或 10 年才会产生这些暂时性或永久性的伤害。

4. 国际和各国针对阿斯巴甜有什么安全限量标准?

阿斯巴甜作为食品添加剂在世界范围内被许多国家使用已超过 20 年。联合国食品添加剂联合专家委员会（FAO/WHO JECFA）和全球近 100 个国家已批准阿斯巴甜可作为食品添加剂使用。1980 年、1993 年 JECFA 分别对阿斯巴甜的安全性进行了评估，设定其每日允许摄入量（ADI）为 0~40 毫克 / 千克。1981 年美国食品药品监督管理局（FDA）批准使用阿斯巴甜，设定 ADI 为 0~50 毫克 / 千克。加拿大也于 1981 年批准使用阿斯巴甜。在法国，1980 年就已批准使用阿斯巴甜。1994 年欧盟委员会食品科学委员会（SCF）依据其评估结果（在 1984 年、1988 年对阿斯巴甜进行了评估），批准在全欧洲范围内使用阿斯巴甜。

早在 1986 年，我国已将阿斯巴甜列入 GB 2760–1986《食品添加剂使用卫生标准》中，经过数次修订，目前在 GB 2760–2014《食品安全国家标准 食品添加剂使用标准》中已规定了阿斯巴甜在各类食品中的限量。另要求遵守原规定：添加阿斯巴甜之食品应标明"阿斯巴甜（含苯丙氨酸）"。因此，苯丙酮尿症患者应更加关注食品标签上的有关信息。

5. 消费者应如何面对阿斯巴甜？加入阿斯巴甜的食品标签上为什么要标 "阿斯巴甜（含苯丙氨酸）"？

虽然将阿斯巴甜作为一种安全的食品添加剂，但是消费者还是要保持理性，慎重选择。

第一，阿斯巴甜中含有苯丙氨酸，苯丙酮尿症患者不适合使用，因为会造成苯丙氨酸无法代谢，而且阿斯巴甜有导致智力发育障碍的危险，所以该类病患要关注食品标签中的相关信息，禁用添加阿斯巴甜的食品。怀孕中的妇女最好也不要使用。第二，曾有一些报告指出有些人可能患有阿斯巴甜不耐症，在食用阿斯巴甜制品后会有头痛、抽搐、恶心或是过敏反应的症状出现，如食用后有以上症状者，最好避免再次食用。第三，虽然研究显示体重为 50 千克的成人每天喝 10 罐含有阿斯巴甜成分的饮料都是安全的，但还是建议消费者尽量避免过多食用含有阿斯巴甜的食物。

肥胖人群和糖尿病患者，往往很难抵制甜蜜的诱惑，以糖代品的身份出现的阿斯巴甜，让这些人在看到满足口腹之欲的希望时，忽视了过量摄入此类甜味剂可能带来的健康危害。健康的生活需要大家共同维护。一方面，生产厂家应该规范产品标签，为消费者提供更加透明的成分信息；另一方面，消费者也应该建立科学的健康理念，"甜蜜" 的幸福，也需要 "量力而为"。

第六节　潜伏30年的塑化剂

2011 年的台湾毒饮料事件，即饮料中被检测出非食品添加剂——塑化剂（DEHP）。据相关调查发现，该化学物质潜伏在食品添加剂中，使食品领域的多种产品均间接地受其污染。这个被应用如此广泛的物质为何物？从哪里来？有什么危害？我们如何来防止它的污染和危害，以确保自身的安全？

1. 据报道，我国台湾地区发现全球首例将 DEHP 非法添加至起云剂中，导致该地区多种知名运动饮料及果汁、酵素饮品污染并流入市场，一时造成消费者的恐慌。起云剂和塑化剂，它们究竟为何物？

起云剂是我国台湾地区一种复配食品添加剂的名称，在 GB 2760 – 2014《食品安全国家标准 食品添加剂使用标准》中称为乳化剂和稳定剂。它是将具有一定香气强度的风味油，以细微粒子的形式乳化分散在由阿拉伯胶、变性淀粉、棕桐油和水等组成的水相中形成相对稳定的水包油体系，主要应用于饮料和奶类制品中。

塑化剂或称增塑剂、可塑剂，是一种增加材料柔软性或使材料液化的工业添加剂。其添加对象包括塑胶、混凝土和水泥等，属邻苯二甲酸酯类物质，它主要包含邻苯二甲酸二（2-乙基）己基酯（DEHP）、邻苯二甲酸二异壬酯（DINP）等物质。

为了降低成本或增加产品品质的稳定性，不法厂商非法使用了DEHP制造起云剂。据报道，我国台湾地区监督部门在食品例行抽样检测中发现了产品中含有DEHP。为此，相关部门共同展开调查、溯源，经抽丝剥茧，检验十余种原料后，发现台湾某家著名香料有限公司制售的食品添加剂——起云剂中含有此物。据称，该类起云剂已在台湾销售约30年。起云剂在食品中应用广泛，涉及的食品主要有果汁、果酱和运动类饮料。

2. DEHP和DINP具有什么性状？毒性如何？

DEHP为塑胶制品常用的一种塑化剂，是无色无味的液体。它对动物的急性毒性低，在高剂量时会影响大鼠的生育系统和提高发生肝脏肿瘤的概率，但对人类影响如何目前尚无科学论证。国际癌症研究中心（IARC）将DEHP归类为第2B级人类致癌因子，仅为可能致癌因子。它属于环境激素（荷尔蒙）的一种，但在猴子动物试验中，DEHP在24~48小时内绝大部分会随尿液或粪便排出体外。

DINP是种复杂的混合物，主要为含有9个碳的异构体。DINP与DEHP一样，为合法的塑胶制品塑化剂，但都不是食品添加剂。DINP对动物的急性毒性比DEHP低，且非所有邻苯二甲酸酯类塑化剂都具有相同的毒理特性。

与DEHP相比，DINP几乎不会影响实验动物的生殖或发育，经研究发现DINP无遗传毒性。在对大鼠和小鼠长期饲养的研究中发现DINP对其肝脏等器官具有毒性，可增加肝细胞腺瘤的发生率，但这些影响只发生在啮齿类动物身上，并不适用于人类。

3. 塑化剂的主要来源有哪些？进入环境中的塑化剂会产生哪些变化？我们平常会吃到塑化剂吗？

塑化剂如 DEHP 会在塑胶制造添加时释放至空气中，或在燃烧塑胶过程中释放。故在刚漆完油漆的房间或是最近才装好地板的屋子里，室内空气比室外空气可能含有更多的 DEHP。当 DEHP 释放到土壤时，它会附着在土壤上，并不会散落到很远的地方。DEHP 随着水排放出来时，它会慢慢地溶于地下水或地表水中，这种过程会一直持续很多年直到 DEHP 慢慢从环境中消失。当存在氧气时，在水和土壤中的 DEHP 会被微生物分解成二氧化碳和结构较为简单的化合物。在含氧量极低的地方譬如土壤深部、湖泊或河川底部，DEHP 不容易分解掉。

人体接触到的塑化剂如 DEHP，通常由饮食、水及空气接触或吸入，但仍以食入为主。DEHP 在加工过程中或应用于储存或包装食物时，会迁移至食物中。国内由于饮食习惯与国外不同，且 DEHP 的加工包装技术不同于国外，可能会造成 DEHP 的暴露量较高。

依据英国、美国、瑞典、加拿大、日本、韩国及我国等的相关研究与调查结果显示，通过饮食摄入 DEHP 的情况普遍存在，有些地区每日自食物摄入 DEHP 的量约为 1.029 毫克。

4. 是否有针对食品中塑化剂残留限量作出相关的规定？

其实，DEHP 等邻苯二甲酸酯类物质对健康的影响取决于其摄入量。以 60 千克体重的成人计算，世界卫生组织、美国食品与药品监管局和欧盟分别认为，每人每天摄入 1.5 毫克、2.4 毫克和 3.0 毫克及以下的 DEHP 是安全的。DINP 的毒性更低，即使每天摄入 9.0 毫克也是安全的。

食品在储存过程中也会有微量的增塑剂从包装材料中迁移到食品中，但合格的塑料包装材料 DEHP 的迁移量不应超出有关标准。我国 GB 9685-2008《食品容器、包装材料用添加剂使用卫生标准》严格规定了 DEHP 从食品包装材料迁移到食品的迁移量，即为 1.5 毫克 / 千克，DINP 为 9 毫克 / 千克，与世界发达国家的规定一致。

卫生部相关公告将 DEHP、DINP 及邻苯二甲酸二正丁酯（DBP）等 17 种邻苯二甲酸酯类物质（塑化剂）纳入"黑名单"，并明确了相应的检测方法和临时限量值。

5. 消费者该如何应对？

少喝塑料杯装的饮料，尽量使用不锈钢杯或玻璃杯等；少用塑料袋、塑料容器、塑料膜盛装热食或微波加热；少用保鲜膜进行微波或蒸煮，也不要用以包装油性食物；少让儿童在塑料巧拼地板上吃东西、玩耍和睡觉；不要给儿童未标示"不含塑化剂"的塑料玩具、奶嘴；减少使用含香料的化妆品、保养品和个人卫生用品等；少吃不必要的保健食品或药品；少吃加工食品，例如：加工的果汁、果冻和零食，各种含人工馅料的蛋糕、点心和饼干等。

提高食品品质和降低成本，是企业持续发展的基本策略之一，但一切的前提是食品安全。在这同时，对于相关的包装材料、盛器材质以及可能入口的玩具等选择也不可忽视。以标准作支撑，科学地使用食品添加剂，确保食品安全，树立消费者信心，这才是企业持续发展的致富之道。

第一节　享受"Q感"的烦恼

2013年5月，据我国台湾媒体报道，一些食物所使用的淀粉中被检测出有毒物质马来酸。随后，台湾当地卫生部门查封问题淀粉超过200吨，出口至新加坡的11项淀粉制品也被验出含有马来酸。受此事件影响，珍珠奶茶、水晶饺、鸡排等台湾小吃的销售大受影响。那么，淀粉中添加的马来酸究竟为何物？为什么要在淀粉中添加马来酸？马来酸对人体健康有哪些危害？我们应该如何识别含有马来酸的"毒淀粉"？如何加强对非法添加物的管理？

1. 淀粉中添加的马来酸究竟为何物？为什么要在淀粉中添加马来酸？

马来酸，学名顺丁烯二酸，是一种二羧酸，即一个含有两个羧酸官能基的有机化合物。马来酸可以用来制取富马酸，富马酸属于食品添加剂，添加到包括淀粉等食品中起到调节酸度的作用。从化学结构上来看，马来酸和富马酸互为顺反异构体，结构很相似，但它们却是两种不同物质。两者的区别在于前者为顺式结构，没有富马酸安全和稳定。马来酸本是一种工业原料，属于树脂等化学黏合剂的原料，用于加工工业黏着剂等，将其加入到淀粉中主要意图增加食品的弹性、黏性和外观光亮度。

马来酸为无色晶体，能溶于水、乙醇、丙酮，微溶于苯，是最简单的不饱和二元羧酸，没有任何营养价值，属工业原料，主要用来制取农药马拉松、达净松、富马酸、不饱和聚酯树脂、染色助剂以及油脂防腐剂等。将廉价马来酸掺入到淀粉中，可以使劣质淀粉达到合格淀粉所具有的黏性和弹性。不法商贩正是看中马来酸的廉价性和增加弹性的特点，将之用于肉圆、粉圆、黑轮、板条、芋圆、地瓜圆和水晶饺等美食中，增加食品的弹性。

2. 食用了含有毒淀粉的食品后，对人体有哪些危害？应如何识别？

马来酸若被添加到淀粉类食品中，摄入后会刺激皮肤、胃、呼吸道、眼睛等所属器官上的各种黏膜。它主要危害是导致人体内分泌紊乱，身体的生理功能受到干扰。消费者在选择时，对弹性特别大、韧性特别强的淀粉制品应当多加小心。此外，如果含有淀粉的食品冷冻后不容易粘，也不容易结冰，很可能也含有马来酸。

马来酸可以破坏肾黏膜，损伤肾小管，对肾脏造成损害。长期食用"毒淀粉"，还会造成神经性毒害，可能导致生长发育迟缓，还有可能造成不育。消费者自身不易识别马来酸，专业的食品检验机构可利用离子交换色谱将其检测出来。但由于马来酸未被允许使用在食品中，所以一般不会去检测它，因此存在着检测盲点。

3. 如何对这类非法添加物进行有效管理？

此次台湾地区违法使用马来酸变性淀粉案，与2008年的"三聚氰胺"事件相似度极高，添加物都是工业原料，属于非法添加，且不在食品添加剂的检测范围内，执法部门也只是在抽检过程中偶然发现，或者像此次通过检举才得以曝光，又或者造成了严重后果之后才针对性地开展全面检查。

马来酸是工业原料，GB 2760 - 2011《食品安全国家标准食品添加剂使用卫生标准》未将它列为食品添加剂，故添加于食品中属违法行为。作为淀粉制造商应充分认识到此类行为的违法性，应立即停止向食品行业销售此类产品，已经流向食品市场的产品应立即告知召回。淀粉加工企业如检测出含有马来酸的，应立即停止使用该原料，并应以各种形式告知消费者，以免企业声誉受影响。

对于此类非法添加剂管理的关键，在于从食品生产的源头上进行控制。目前，新出台的《食品安全法》对食品添加剂规定，首先实行严格的审批管理。食品添加剂目录中没有的，哪怕暂时证明对人体没有害处，也不能添加，而使用的添加剂及其用量都应在食品的外包装标签上注明。标签内容必须与实际内容相一致，否则就要受处罚。另外，生产工艺、采购记录等都能证明生产者是否添加了非法物质。

4. 台湾地区被查出的含毒淀粉的食品有哪些？

深陷"染毒"疑云的食品主要是台湾的经典美食，如珍珠奶茶、甜不辣、粉圆、板条、鸡排等。其中，台湾某粉业集团，被查出有问题的变性淀粉有 80 吨之多。台湾地区卫生部门对台湾岛内 99 家淀粉厂进行稽查，共 4 家原料厂、9 项产品中违法含有马来酸淀粉，包括协奇、怡和、茂利、嘉南淀粉厂等。

台湾地区卫生部门从高雄联成化工厂陆续追出事件的下游，稽查人员表示，50 千克马来酸可调制出 6 000 千克变性淀粉，产量相当大，很多食品恐"沦陷"，只有极少数业者未使用马来酸淀粉。台湾很多食品受牵连，如大陆观光客到台湾必吃的炸鸡排，其使用的酥炸粉中含有马来酸。

5. 大陆是否也存在含"毒淀粉"的食品？

被查出含有非法添加剂马来酸的食品事件大部分发生在台湾地区，但是在大陆也很有可能存在马来酸滥用的情况。台湾小吃是靠近台湾的大陆地区，如厦门等地吸引各地游客的美食"招牌"之一。在大陆，一些台湾奶茶、大肠包小肠等台湾小吃的原料有可能来自台湾。

"毒淀粉"事件后，有些企业为了逃避责任，怕有关部门检测，改称"原材料就地采购，但是用了台湾配方和制作工艺"。马来酸在大陆被广泛运用于环保、制革、建材等领域，生产企业众多。这种非法添加剂在大陆的来源非常广泛，购买渠道也比较多，因此，不排除不法商贩将其添加到淀粉中。

滑爽筋道、Q感十足的美食一直深受消费者的欢迎，企业追求更Q的美食质感来迎合市场，无可厚非，但食品安全是大前提。严格地按照相关的食品添加剂等标准规范生产，科学地改进工艺，才能提升品质，企业的生命力才能更持久。否则，企业在食品中的任何非法添加行为，最终都将失去信誉和市场！

第二节　酱油版"三聚氰胺"

　　酱油作为我国传统的酿造食品，已经有 2 000 多年的历史。欧盟在 1999 年 10 月曾检测出中国对其出口的酱油中含有严重超标的三氯丙醇，而全面禁止对中国酱油的进口。在此之后，酱油的安全性问题引起了国内外的广泛关注。那么，酱油中的三氯丙醇究竟为何物？酱油中为什么会含有这种物质？食用含有三氯丙醇的酱油对人体会产生哪些伤害？面对酱油市场的乱象，消费者在市场上如何选择优质酱油？

1. 酱油中的三氯丙醇究竟为何物？酱油中为什么会含有这种物质？

　　三氯丙醇，又称 3- 氯 -1,2- 丙二醇，常温条件下为无色透明液体，它不是广泛使用的化学品，仅仅在少数药物合成过程中使用。在配制酱油中，含有三氯丙醇是因为使用了水解植物蛋白。三氯丙醇是水解植物蛋白所含有的脂肪和盐酸相互作用的产物。以大豆等原料生产的水解植物蛋白含有一定量的脂肪，在强酸作用下脂肪断裂水解产生丙三醇(甘油),丙三醇被盐酸取代醇羟基而生成氯丙醇。

在酿造酱油中并不含有三氯丙醇，因为在酿造酱油的生产过程中，酵母菌虽然能将一部分糖类发酵成丙三醇，并有食盐中的氯离子存在，但在含水的偏酸性环境中，难以形成氯丙酸衍生物，同时，在发酵过程中丙三醇又能与有机酸形成酯类化合物，从而减少了游离丙三醇的存在。因此，纯粹的酿制酱油如果不添加其他酸水解产品，是检测不到三氯丙醇的，即使有，也属于检出限之下极微量的存在。

2. 酿造酱油与配置酱油有什么区别?

酿造酱油是用大豆和脱脂大豆或脱脂大豆，或用小麦和麸皮或麸皮为原料，采用微生物发酵酿制而成的酱油；配置酱油是以酿造酱油为主体，与酸水解植物蛋白调味液、食品添加剂等配制而成的液体调味品。配制酱油必须以酿造酱油为主体，酿造酱油的比例（以全氮计）不能少于50%。只要在酿造酱油中添加了酸水解植物蛋白液，不论添加量多少，一律属于配制酱油。

酿造酱油发酵时间长，产量低，成本也相对较高。配制酱油则产量大、成本低，生产周期短。酿造酱油的氨基酸态氮含量普遍比配制酱油高。按国家规定，配制酱油应含有50%的酿造酱油，但很多厂家生产的配制酱油只含有10%的酿造酱油。因此，氨基酸态氮的含量比不上酿造酱油。

3. 三氯丙醇的毒性如何? 食用含有三氯丙醇的酱油对人体会产生哪些伤害?

关于三氯丙醇的毒性，曾经有过研究报告显示：大鼠经口半数致死剂量为150毫克/千克体重，属于中等毒性物质。工作人员在清理三氯丙醇储罐曾发生急性中毒性肝病，且有致死病例发生。关于三氯丙醇的致突变作用，不同的研究人员存在不同看法。有研究人员测定三氯丙醇对果蝇的遗传毒性试验，结果为阴性。三氯丙醇的毒性存在剂量相关性。在世界卫生组织和联合国粮农组织食品添加剂联合专家委员会第41次会议上，三氯丙醇被评价为食品污染物，要求其在水解蛋白中的含量应降低到工艺上可以达到的最低水平。

酿造酱油中不但含有许多有益健康的物质，而且还具有抗癌功能。而配制酱油因添加少量酸水解植物蛋白调味液，增加了混入有害物质的可能性。这些有害物质主要是在制取酸水解植物蛋白调味液的过程中产生的三氯丙醇。这种化合物的毒性较大，对肝、肾、血液系统、生殖系统等均有毒副作用，并且还可能致癌。

4. 消费者在市场上如何选择优质酱油？

"配制酱油"与酿造酱油在口感、质感都很相似，几可乱真。消费者在市场上购买酱油时要一看，二摇，三尝味。一看，即看颜色。正常的酱油色应为红褐色，品质好的颜色会稍深一些，但如果酱油颜色太深了，则表明其中添加了焦糖，香气、滋味相比会差一些，这类酱油仅仅适合红烧用；二摇，即好酱油摇起来会起很多的泡沫，不易散去，而劣质酱油摇动只有少量泡沫，并且容易散去；三尝味，好酱油往往有一股浓烈的酱香味，尝起来味道鲜美，传统工艺生产的酱油有一种独有的酯香气，香气丰富醇正。而质量差的酱油尝起来则有些苦涩，如果闻到的味道呈酸臭味、煳味、异味都是不正常的。

对于普通消费者来说，选购酱油主要的是应注意看标签。因为，正规的生产企业都会按国家标准为其产品贴上"身份证明"，标签不规范的产品其质量也值得怀疑。另外，很多消费者购物时，喜欢根据价格高低判定其质量优劣，其实并不尽然。优质酱油澄清、无沉淀、无浮膜、色泽呈红褐色，比较黏稠，有的消费者在选购酱油时往往忽略这一点，而去追求包装精美、价格偏高的酱油。

5. 我国目前酱油行业标准有哪些？

我国于 2000 年修订了 GB 18186–2000《酿造酱油》国家标准，同时制定了 SB 10336–2000《配制酱油》和 SB 10338–2000《酸水解植物蛋白调味液》两个行业标准，在酸水解植物蛋白调味液中首次明确规定三氯丙醇限量卫生标准为 1

毫克／千克，但是对酿造和配制酱油均未提出三氯丙醇的限量指标。尽管在国家行业标准中尚未规定三氯丙醇的限量指标，但仍可以通过理论计算来判定。在配制酱油中酸水解植物蛋白调味液的最大使用量一般不应超过 50%。由此，按 SB 10338–2000《酸水解植物蛋白调味液》规定的三氯丙醇的最大含量 1 毫克／千克计算，在配制酱油中三氯丙醇的界限指标一般可以定为不超过 0.5 毫克／千克。

我国 SB/T 10336–2012《配制酱油》行业标准规定，配制酱油是以酿造酱油为主体，与酸水解植物蛋白调味液、食品添加剂等配制而成的液体调味品。"酸水解植物蛋白调味液"是允许加入的，但是酿造酱油的比例（以全氮计）不得少于 50%，也就是说，配制酱油中酿造酱油含量低于 50% 是违规的。然而，关键是配制酱油中是否真的按照规定含有 50% 以上的酿造酱油，由于现在很多消费者都知道酿造酱油比较好，所以有些厂家为了争市场就把实际是配制酱油的产品都标成为酿造酱油。

第一节 "色"诱枸杞

　　合肥市民龚女士投诉，称其在安徽某会展中心购买的"正宗宁夏枸杞"用水冲泡之后掉色，由此怀疑它是染色的劣质产品。近年来，类似事件时有发生，该状况一直困扰着不少消费者。那么，枸杞（本文指枸杞子）为什么会被染色？染色的枸杞对人体有哪些危害？消费者应如何辨别？

1. 商家为什么要给枸杞染色？所用的染料有哪些？

　　枸杞是人们对宁夏枸杞、中华枸杞等枸杞属下物种的统称。近年来，一些不良商家为了迎合人们的消费心理，打起了给劣质枸杞染色的歪主意，来蒙骗外行消费者。

　　为获取更多的利润，一些不法商贩就用硫磺熏制或用其他色素将劣质枸杞染成鲜红色泽。硫磺是一种化工原料，它燃烧产生二氧化硫，能起到漂白、保鲜作用，使物品颜色显得明亮、鲜艳。故不法商贩常利用硫磺熏蒸来提升商品的卖相，延长其"外观保质期"。

2. 染色枸杞对人体有何危害?

被染色的枸杞由于已改变了枸杞原有的成分,吃起来发酸、苦涩,伴有恶心感,轻者会对肠胃造成刺激,重者会危害人体健康。

经过硫磺熏蒸后,残留在枸杞内的二氧化硫会发生反应生成亚硫酸盐,亚硫酸盐是一种致癌物质。它对皮肤、黏膜有明显的刺激作用,可引起结膜、支气管炎症;皮肤直接接触部分可引起灼伤;若摄入过量,还会对人体造成较大的危害。它不仅破坏食品中的维生素,还会影响人体对钙的吸收,引起腹泻,对肝、肾带来危害。此外,硫磺里面的铅、砷通过熏蒸也会转移到产品中,对食用者的肝脏或肾脏造成损伤。

3. 消费者应如何辨别染色枸杞?

消费者可以从四个方面对枸杞进行判断。从颜色判断,新鲜枸杞因产地不同而产生色差,但颜色很柔和,有光泽且肉质饱满,而被染色的枸杞基本是往年的陈货,肉质较差,外表却很鲜亮诱人。所以,买枸杞的时候一定不要贪"色"。特别是染色的枸杞,连枸杞蒂把处的小白点也是红色的,用硫磺熏蒸过的则呈深褐色,正常枸杞尖端蒂处多为黄色或白色。由于用色素染过的枸杞特别怕水,建议大家在选购枸杞时可以拿几粒放入水中,或者是用潮湿的手搓一搓,若出现掉色,就说明用过色素;从形状上辨别,宁夏枸杞和内蒙古枸杞都呈长圆形,但是宁夏枸杞泡水后会上浮,内蒙古枸杞会下沉。新疆枸杞呈圆形,容易区分,这几种枸杞都以粒大、饱满为上品。用白矾水泡过以后也会使枸杞果粒变大,所以很多商家采用这种方法。但白矾水泡过的枸杞很好辨别,把这种枸杞对光照射的话,其表面会有闪亮的晶点。另外染色枸杞摸起来感到黏糊,天然枸杞则较干燥;从气味上辨别,对于被硫磺熏蒸过的枸杞,只需要抓一把用双手捂一阵之后,再放到鼻子底下闻,如果闻到刺激的呛味,就肯定被硫磺熏蒸过;从口味上辨别,宁夏枸杞是甘甜的,吃起来特别甜,但吃完后嗓子里有一丝苦味,内蒙古、新疆等地的枸杞甜得有些腻，而白矾水泡过的枸杞咀嚼起来会有白矾的苦味，至于打过硫磺的枸杞，味道呈现酸、涩、苦感。

4. 如何购买优质枸杞？有哪些标准可以指导、衡量以及监管枸杞品质？

枸杞因产地与加工方法的不同，质量有高低之分。一般特级品种的枸杞颜色呈暗紫红色而且均匀，没有黑头。由于地理气候条件不同，各地枸杞的品种和外观也不尽相同。新疆枸杞个头圆，含糖量高，颜色发紫，泡水后水色红，易下沉；内蒙古枸杞粒大，显长圆形，味甜，色泽暗红，裸籽重，泡水微红，易下沉；河北枸杞比较瘦弱，长扁形，味甜而略酸；正宗宁夏枸杞粒大、肉厚、皮薄、味甘甜、色鲜红，泡水清淡，裸籽轻，泡水易上浮，药效高。除产地不同外，枸杞的质量还取决于加工方法的不同。目前，枸杞的加工方法主要有两种：一种是烘干，一种是晒干。烘干的加工量大，成本相对高，但时间短，可较好地保持枸杞的营养成分；晒干就是利用太阳光，把经过处理的枸杞晒干。烘干的颜色很浅，没有自然晒干的颜色那么新鲜，但是晒干的枸杞往往营养价值没有烘干的高。

5. 涉及枸杞品质的标准有哪些？

目前，相关的国家标准有：GB/T 18525.4－2001《枸杞干、葡萄干辐照杀虫工艺》、GB/T 18672－2014《枸杞》、GB/T 19116－2003《枸杞栽培技术规程》、GB/T 19742－2008《地理标志产品 宁夏枸杞》农业部标准有：NY 5248－2004《无公害食品 枸杞》、NY/T 5249－2004《无公害食品 枸杞生产技术规程》等。采用标准来规范、指导生产、监管枸杞品质，使其品质得以保障。

6. 鉴于枸杞的营养功能，是不是吃得越多越有益健康？

与其他药食同源的食物一样，枸杞也不可以过多食用。一般来说，健康的成年人每天吃 20 克左右枸杞比较合适；治疗用的可增至 30 克。枸杞要常吃，不可一次大量食用。用枸杞泡水或煲汤，只饮汤水并不能完全吸收，因为受水温、浸泡时间等因素影响，只有部分药用成分能释放到汤水中，为了更好地发挥效果，最好将汤里的枸杞也一起吃掉。不用任何加工，直接嚼服枸杞对营养成分的吸收会更充分，可将枸杞用水冲洗干净后嚼服，但服用量要减半。由于枸杞温热身体效果明显，所以正在患感冒发热、炎症、腹泻的人最好别吃；同时，枸杞还有兴奋性神经的作用，性欲亢进者不宜服用；另外，枸杞含糖量较高，每100克含糖19.3克，糖尿病者要慎用，不宜过量。

枸杞除了其独有的营养价值外，还拥有我国传统的吉祥色——红色，但枸杞越红不等于品质越高。若选购时过度贪恋红色，则可能要承担劣质品染色风险。另外，高品质枸杞也不宜贪吃，需因人而异，科学食用。依据标准，科学规范地生产，同时加强品质监管，才能确保枸杞的高品质。

第二节 触目惊心的"雪白"

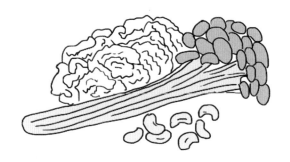

不少消费者在购买一些食物时，总是对白色食物情有独钟，像干果、银耳、腐竹和虾皮等，都喜欢选择雪白的颜色。可知这雪白的颜色从何而来？这很可能是二氧化硫类物质的漂白"功劳"。一些直接与食品接触的东西也难逃漂白厄运，如一次性筷子。二氧化硫到底对人体有哪些危害？国家相关标准中允许使用哪些漂白剂？诸如此类的问题，今天我们就一一解答。

1. 我们在市场上挑选干果、去皮的芋艿、腐竹和水发食物时，发现有的颜色是黄黄的，有的是白白的。不少时候我们更愿意选购那些干干净净的白色生鲜食物，总觉得白色至少说明是干净和新鲜的。这种选购倾向是否对？

白色其实并不等于干净。每种食物都有自己的本色。但一些生鲜食物由于易变色和变坏，无法长期存放。为了吸引消费者，确保销售过程中的生鲜产品保持"光鲜亮丽"，销售者往往会添加一些二氧化硫类防腐剂兼漂白剂，如焦亚硫酸钠、亚硫酸钠、二氧化硫、亚硫酸氢钠和低亚硫酸钠等。

发白的干果、虾皮、蘑菇和金针等食物中检出二氧化硫残留超标的情况时有发生，这些可能是因添加不当造成的。糟糕的是，此类漂白剂往往被一些黑心商家用于掩盖发霉的蜜饯半成品、银耳等的霉斑，以次充好，出售给消费者，这对身体健康非常不利。

2. 二氧化硫的性质和食物中二氧化硫残留的来源是什么？

二氧化硫是最常见的硫氧化物。常温下为无色有强烈刺激性气味的有毒气体，密度比空气大，易液化，易溶于水，是大气主要污染物之一。火山爆发时会喷出该气体，在许多工业生产过程中也会产生二氧化硫。由于煤和石油通常都含有硫化合物，因此，燃烧时会生成二氧化硫。当二氧化硫溶于水中，会形成亚硫酸，它是酸雨的主要成分。若把二氧化硫进一步氧化，通常在催化剂如二氧化氮的存在下，便会生成硫酸。这就是担心使用这些燃料作为能源产生环境负效应的原因之一。二氧化硫还与大气中的烟尘有协同作用，当大气中二氧化硫浓度为0.21毫克/千克，烟尘浓度大于0.3毫克/升时，可使呼吸道疾病发病率增高，导致慢性病患者的病情迅速恶化。如伦敦烟雾事件、马斯河谷事件和多诺拉等烟雾事件，都是这种协同作用造成的危害。

前面所提到的用于食物漂白和防腐的二氧化硫类物质，是食物中二氧化硫残留的主要来源。例如它被用于水果的防腐保鲜，对糖、谷物和淀粉等进行漂白和害虫熏蒸；用于漂白茶叶，用于防止去皮和切片时颜色变褐；制葡萄酒时，少量的这类物质可杀死细菌、霉菌和野酵母而不损伤发酵的酵母。葡萄酒瓶也可用它们来消毒；制啤酒过程中，用二氧化硫处理可防止啤酒中亚硝酸胺生成；在糖浆制造、糖精生产过程中，用这类物质有漂白和抑制微生物生成的双重效用；硫磺熏制过程中残留的硫最终产生二氧化硫。

3. 二氧化硫是造成酸雨等环境污染的罪魁祸首，那么残留在食物中的二氧化硫对人体健康有哪些危害？

二氧化硫随着食物进入体内后生成亚硫酸盐，并由组织细胞中的亚硫酸氧化酶将其氧化为硫酸盐，通过正常解毒后最终随尿液排出体外。少量的二氧化硫进入机体可以认为是安全无害的，但超量则会对人体健康造成危害。

人体长期摄入二氧化硫及亚硫酸盐等会破坏维生素 B_1，影响生长发育，易患多发性神经炎，出现骨髓萎缩等症状，引起慢性中毒。若长期食用硫磺熏蒸的食品，会造成肠道功能紊乱，从而引发剧烈腹泻或头痛，损害肝脏，影响人体营养吸收，严重危害人体的消化系统健康。亚硫酸盐还会引发支气管痉挛，摄入过量可能造成呼吸困难、呕吐或腹泻等症状，气喘患者摄入过量，易产生过敏，可能引发哮喘。二氧化硫和亚硫酸盐还是杀伤力巨大的致癌物质。

另外，一些黑心商家可能利用这种物质处理霉变产品，以次充好，出售给消费者，这对身体健康更加不利。熏蒸用的工业硫磺由于纯度不高，可能还含有砷等有害微量元素，对人体的危害性较大。

4. 国家相关标准中是否允许二氧化硫类物质等作为漂白剂使用？

二氧化硫类物质和硫磺对食品有漂白和防腐作用，使用这些物质能够使食品的外观光亮和洁白。它们属于食品加工中常用的漂白剂和防腐剂，但这些物质的添加必须严格按照国家有关范围和标准限量使用，否则，会影响人体健康。国内工商部门和质量监督部门曾多次查出部分地方的个体商贩或有些食品生产企业，为了使产品具有良好的外观色泽，或延长食品包装期限，或为掩盖劣质食品，在食品中违规使用或超量使用二氧化硫类添加剂，导致其残留超标。

我国 GB 2760－2014《食品安全国家标准 食品添加剂使用标准》对食品中添加二氧化硫类物质和硫磺有严格的使用范围、最大使用量、使用方式以及二氧化硫残留量等规定。如焦亚硫酸钠、亚硫酸钠、二氧化硫等允许添加在水果干类、食糖、粉丝中，但其二氧化硫残留不得超过 100 毫克 / 千克，干制蔬菜、腐竹中二氧化硫残留不得超过 200 毫克 / 千克，食用菌和藻类罐头（仅限蘑菇）二氧化硫残留不得超过 50 毫克 / 千克，蜜饯凉果中二氧化硫残留不得超过 350 毫克 / 千克；硫磺只限于熏蒸方式。

5. 既然二氧化硫有那么多的危害，消费者又该如何辨别呢?

漂白生鲜食品的情况并不少见。商家为了迎合消费的"嗜白"心理，赚取更多利润，就昧着良心，做出一些危害消费者的事情。

现在消费者的食品安全意识越来越高，开始追求天然、健康的饮食理念，随着消费者对"只顾外观色泽的消费习惯并不能带来健康"意识的提高和监管力度的加强，相信这种"嗜白"的情况能逐渐得到改善。

色香味乃是食物本应具有的天然属性，讲究食物的色泽对于提高人们的食欲能起到促进的作用。由白色直接联想到纯洁、新鲜和干净的消费者为数不少。为此，科学、规范地使用添加剂以确保食物在保质期内的品质，这既是对食物的呵护，也是提供新鲜、安全食物的前提。但是，若将此类添加剂用于"化腐朽为神奇"的腐败食物或只是为迎合消费者美白心理，进而影响人们的健康，最终都将会失去应有的市场。

第一节　肉毒杆菌有毒吗？

　　2013 年 8 月，新西兰恒天然品牌奶粉肉毒杆菌污染事件备受关注，从 8 月 2 日恒天然自曝家丑，到 28 日新西兰初级产业部证实污染物为无毒生孢梭菌，虽然这起轰动一时的事件最终以虚惊一场而结束，但对肉毒杆菌缺乏专业认识的普通消费者还是不禁会问：肉毒杆菌到底是什么菌？如何危害人体健康？哪些食物当中可能会有肉毒杆菌？怎样才能避免肉毒杆菌中毒？

1. 肉毒杆菌为何种细菌？它主要分布在哪些环境中？

　　肉毒杆菌是一种生长在无氧环境下的细菌，在罐头食品及密封腌制食物中具有极强的生存能力。肉毒杆菌在自然界分布广泛，土壤中常可检出，偶亦存在于动物粪便中。肉毒杆菌分为 A、B、Ca、Cb、D、E、F、G 共 8 个型，能引起人类疾病的有 A、B、E、F 型，其中以 A、B 型最为常见。

　　人体的胃肠道是一个良好的缺氧环境，适于肉毒杆菌居住。肉毒杆菌属于厌氧菌，严格厌氧，在胃肠道内既能分解葡萄糖、麦芽糖及果糖，产酸产气，又能消化分解肉渣，使之变黑、腐败、散发恶臭。

2. 肉毒杆菌是否致命？

首先，我们应该了解肉毒杆菌本身无毒，但是它在适宜的条件下会产生具有致命性的外毒素，即肉毒毒素；第二，肉毒杆菌的芽孢具有极强的耐热性，当pH值低于4.5或大于9.0时，或当环境温度低于15摄氏度或高于55摄氏度时，肉毒杆菌芽孢不能繁殖，也不能产生毒素，但是只要环境条件合适，芽孢便可以萌发成肉毒杆菌继而产生肉毒毒素；第三，肉毒毒素对成人和儿童均有危害，但儿童体内肠道菌群缺乏，肉毒杆菌的芽孢在儿童肠道的弱碱厌氧环境中能够产毒，尤其对1岁以下的婴儿存在较大威胁。

至于肉毒毒素，它是目前发现的毒性最强的毒物之一，毒性是氰化钾的10 000倍。纯化结晶的肉毒毒素1毫克能杀死2亿只小鼠，对人的致死剂量约0.1微克。肉毒毒素与典型的外毒素不同，并非由活着的细菌释放，而是在细菌细胞内产生无毒的前体毒素，等待细菌死亡自溶后游离出来，经肠道中的胰蛋白酶或细菌产生的蛋白酶激活后方具有毒性，且能抵抗胃酸和消化酶的破坏。人们食入和吸收这种毒素后，神经系统将遭到破坏，出现头晕、呼吸困难和肌肉乏力等症状。

3. 肉毒杆菌中毒有哪些症状？

病初表现为头晕、头痛、全身无力，尤其以颈部无力最明显，因而抬头困难，继而四肢麻木、舌头发硬，接着可发生各种肌群麻痹，孩子常表现为面部无表情、视物模糊、睁眼困难，有时还有斜视，眼球运动也受到限制，面部的那副怪模样是由于支配面部和眼睛运动的肌肉麻痹所致。同时，因负责吞咽的肌肉麻痹，咀嚼、吞咽也有困难，吃东西时呛咳，说话不清楚，甚至完全发不出声音。由于口腔分泌物聚集在咽部，极容易被误吸入呼吸道引起吸入性肺炎，最终可因呼吸肌麻痹造成呼吸衰竭，这也是引起本病死亡的主要原因。

肉毒毒素是一种神经毒素，能透过机体各部的黏膜。肉毒毒素由胃肠道吸收后，经淋巴和血行扩散，作用于颅脑神经核和外周神经肌肉接头以及自主神经末梢，阻碍乙酰胆碱的释放，影响神经冲动的传递，导致肌肉的松弛性麻痹。军队常常将这种毒素用于生化武器。

4. 哪些食物中易感染肉毒杆菌？

常见的肉毒杆菌污染食品有腊肠、风干肉、自制发酵豆制品、罐头等。其中，家庭发酵的豆制品（未经加热消毒的），如豆瓣酱、豆豉和臭豆腐等受肉毒杆菌污染，是导致肉毒毒素中毒的最常见原因。家庭自制罐装食物或真空包装食物未经妥善处理，又或只是略作加工便放进密封容器内并在常温下储存，为该细菌提供了有利的生长环境，继而在食物中产生毒素。所以，家庭自制罐装食物，应遵从正确制造罐装食物的守则及卫生程序，并在食用前把自制罐装食物持续煮沸至少 10 分钟后才能进食，这是因为高温可破坏肉毒毒素。容器如果出现损坏或膨胀，最好不要进食该容器内的食物。

此外，天然蜂蜜中往往可能会含有少量肉毒杆菌，至于蜂蜜为何会受到肉毒杆菌污染，现在仍不确定。因为肉毒杆菌普遍存在于自然界中，可能是由蜜蜂带到蜂巢的。虽然肉毒杆菌本身无毒，成年人胃肠道功能完善，肠道菌群构成也比较平衡，少量的肉毒杆菌根本不足以撼动这个平衡，对成年人基本无危害，但对 1 岁以内的婴儿，由于其胃肠道功能尚未发育完善，肠道菌群平衡也不够稳定，肉毒杆菌就容易在婴儿肠道内繁殖，并产生肉毒毒素，引起宝宝中毒。

5. 如何避免肉毒杆菌中毒？

肉毒杆菌是一种只能在无氧条件下才能生长的细菌，存在于土壤、鱼和家畜的肠道内及粪便中。它的芽孢耐热力强，干热 180 摄氏度、5~15 分钟，湿热 100 摄氏度、5 小时，高压蒸汽 121 摄氏度、30 分钟，才能杀死芽孢。肉毒毒素对酸的抵抗力特别强，胃酸溶液 24 小时内不能将其破坏，故可被胃肠道吸收，会威胁人体健康。但是肉毒毒素对热很不稳定，通常 75~85 摄氏度加热 30 分钟或 100 摄氏度加热 10 分钟即可被破坏，暴露于日光下亦可迅速失去毒力。

所以要避免肉毒杆菌中毒，首先，食物应进行彻底加热，这样可以去除肉毒毒素；其次，自己加工食品时应注意卫生，我国引起中毒的食品大多数是由于摄入家庭自制的发酵食品，如豆瓣酱、豆酱、豆豉和臭豆腐等，在操作时要格外注意避免染菌；再次，经加热处理后的食物若不立即食用，应迅速冷却并低温储存；最后，亚硝酸盐对肉毒杆菌具有抑制作用，不要盲目恐惧熟肉制品内的亚硝酸盐，适量食用熟食并不会对人体产生危害。

肉毒杆菌在名称上似乎已被定义为"毒"菌，但其真正的强毒性来自它的毒素。肉毒杆菌一旦在人体内有了适宜毒素产生的环境，就会造成极大的危害，尤其对肠胃道功能尚未健全的婴儿，即使含量很低，也会让这些弱小的生命没有任何招架之力。因此，应尽量避免食入易染菌食物，并针对不同的人群，采用科学的方法降低食品安全风险。

第二节　欺软怕硬的阪崎肠杆菌

继 2002 年美国食品药品管理局在本土婴儿配方食品中检出阪崎肠杆菌后，2003 年又一家国际乳业巨头，主动召回一批检出极微量阪崎肠杆菌的罐装早产儿特殊配方食品。此后，这类病菌成为世界关注的焦点。近年来，国家质检总局进出口食品安全局公布的进境不合格食品信息中，很多批次婴幼儿配方食品被发现受到致病菌阪崎肠杆菌污染。阪崎肠杆菌到底是什么菌？对人体有哪些危害？我们该如何避免感染阪崎肠杆菌或者降低感染该菌的概率以维护婴幼儿的健康呢？

1. 阪崎肠杆菌是种什么菌？

阪崎肠杆菌是肠杆菌科的一种，它是人和动物肠道内寄生的一种革兰阴性无芽孢杆菌，原来一直被称为黄色阴沟肠杆菌，直到 1980 年才被更名为阪崎肠杆菌。该菌是人体肠道正常菌丛中的一种，在一定条件下可使人和动物致病，所以称为"条件致病菌"。

阪崎肠杆菌病原体一般只感染免疫系统较弱者，它对公众健康的影响日渐令人关注。它不会形成孢子而呈棒状的细菌，最适宜在 37~43 摄氏度之间生长。阪崎肠杆菌来源非常广泛，在水、土壤、植物根茎、动物肠道甚至加工食品中均可存在。

2. 食用了阪崎肠杆菌对人体健康有哪些危害？感染阪崎肠杆菌后有哪些临床表现？

据了解，阪崎肠杆菌已被世界卫生组织和许多国家确定为引起婴幼儿死亡的重要条件致病菌，可导致任何年龄层人群的疾病，尤其是对早产儿、出生体重轻的婴儿或免疫受损婴儿的威胁最大。在某些情况下，由阪崎肠杆菌引发疾病而导致的死亡率可达 40%~80%。

多数患儿的临床症状轻微且不典型，易被忽略。全身症状：发热，新生儿可表现为体温不升、精神萎靡、拒乳、黄疸加重、面色发灰、皮肤发花甚至出现休克。消化系统症状：可有呕吐、腹胀、腹泻、黏液血便，肠鸣音减弱甚至消失，严重时可发生肠穿孔和腹膜炎；神经系统症状：烦躁、哭声尖直、嗜睡甚至昏迷，可出现凝视、惊厥，查体可有头围增大、颅缝裂开、前囟张力增高和脑膜刺激征阳性。严重者可导致败血症、脑膜炎或坏死性小肠结肠炎。多份研究报告表明婴儿配方食品是当前发现致婴儿、早产儿脑膜炎、败血症和坏死性结肠炎的主要感染渠道。

3. 阪崎肠杆菌感染怎么治疗？

阪崎肠杆菌感染并非不治之症，用抗生素就可以有效控制。轻症病例应加强护理，对症治疗，保证液体和电解质的摄入，并注意随访。出现明显肠道症状者应选用抗菌药物治疗，可选择阿莫西林 / 克拉维酸等抗菌药物，并根据药敏试验结果进行调整；可同时应用肠黏膜保护剂和微生态制剂。

重症病例可选用头孢他啶、头孢吡肟和美洛培南等进行抗菌治疗，并根据临床治疗效果和药敏试验结果进行调整。应加强对症支持治疗；坏死性小肠结肠炎患儿要禁食，腹胀严重者要给予胃肠减压，必要时可外科手术治疗；脑膜炎患儿给予镇静、止惊、降颅压及针对并发症的治疗；有休克表现时及时给予抗休克治疗。

4. 预防婴幼儿阪崎肠杆菌感染有什么要点？如何有效地对阪崎肠杆菌感染人群进行护理？

阪崎肠杆菌在自然界分布广泛，不耐热，加热到 72 摄氏度持续 15 秒就可以杀灭。阪崎肠杆菌在一般情况下不会对人体健康产生危害，但对于新生儿，尤其是早产儿、低体重儿可以致病。婴儿出生的前 6 个月建议母乳喂养，这最有助于婴儿的生长和健康。同时，为了保证婴儿发育需要的营养，必须科学地补充喂养适宜的母乳代用品。无母乳家长在给孩子选择婴幼儿配方食品时一定要选择有安全保证的产品。喂哺这些食品时，应注意所接触的容器的卫生情况，用煮沸后的温水来冲调，以避开自来水中可能含有的阪崎肠杆菌。婴儿食用过的食物不建议放置冰箱保存后再次食用。产品买回家后要注意防止二次污染，开封过的食品应尽快食用完，尚未用完的应保持其卫生、密封防潮。

在日常生活中应重视孩子的感冒症状，有条件的一定要及时就医，出现如发热、头痛、呕吐等症状，特别是持续时间较长的，更不应轻易自己在家用药治疗就完事，一定要注意观察孩子的症状，以便及早发现脑膜炎的早期症状，别让疾病恶化留下遗憾。绝大多数患者为轻症病例，表现为轻微的消化道症状，恢复良好；重症病例罕见且病死率高。对于发现的病例应及时报告，必要时应把平时孩子的饮食习惯、所食食品品牌等信息告知医生，以免遗漏重要信息。

5. 我国是否有相关的标准来指导企业降低阪崎肠杆菌对人们的危害？有效控制婴幼儿配方食品中阪崎肠杆菌污染的措施有哪些？其基本原则又是什么？

我国已出台的相关标准有 GB 10765 – 2010《国家食品安全标准 婴幼儿配方食品》、GB 23790 – 2010《食品安全国家标准 粉状婴幼儿配方食品良好生产规范》和 GB 4789.40 – 2010《食品安全国家标准 食品微生物学检验 阪崎肠杆菌检验》等，这些都可指导对阪崎肠杆菌的控制。

企业应依据标准和自身产品的工艺流程建立有效控制措施，在原料、生产环境等方面制定有效的过程监控计划，并落实到位，以降低阪崎肠杆菌对产品的污染，为高危人群提供健康、安全的营养食品。相关监管部门应加强市场监管，对不合格品应实行召回，确保市场供应产品的安全性。

"欺软怕硬"永远是致病菌的特点，刚出生不到 6 个月的婴儿、尤其是那些早产和体重不足的婴儿，对致病菌无任何招架之力。要保护好他们，并提供健康安全的营养源，除了最佳的母乳外，婴幼儿专供配方食品相对于其他食品的卫生和安全管理是重中之重。只有企业、监管部门和为人父母者，依据标准科学管理和喂养，共同努力，才能为宝贝们打造抵御阪崎肠杆菌危害的屏障。

第三节　会转移的汞污染

2013 年 5 月,国家食品安全风险监测中心的监测结果显示,"亨氏"、"贝因美"、"旭贝尔"品牌的 23 份以深海鱼类为主要原料的婴幼儿辅助食品被发现汞含量超标。对此, 贝因美、亨氏(青岛)食品有限公司均已向消费者致歉,并紧急召回部分批次产品。汞究竟为何物? 它存在于哪些地方? 摄入汞含量超标的食物是否会对人体健康造成伤害? 婴幼儿摄入过量的汞会有哪些危害?

1. 汞是什么物质? 哪些环境中会有汞的存在?

汞最常见的就是水银体温计中的银色物质。它是一种黏度小、易流动,在常温下即能蒸发的液态金属。一旦流散, 即形成很小的汞珠, 它不易清除,其蒸气易被墙壁、衣物所吸附, 造成空气持续污染。汞广泛分布于自然环境中, 其主要有 3 种形态: 金属汞或汞蒸气, 无机汞或汞盐及有机汞化合物。人体主要经由消化道、呼吸道和皮肤这 3 种途径吸收汞。

汞的无机盐类化合物有硫化汞(HgS)、氯化汞($HgCl$)、砷酸汞($HgASO_4$)、雷酸汞$[Hg(ONC)_2]$、氰化汞$[Hg(CN)_2]$等多种形式。这些化合物可解离出汞离子, 其毒性与金属汞相近。汞与无机汞进入体内后皆被转化为 Hg^{2+} 而发挥毒性作用。汞化合物在环境中被土壤和水中的细菌代谢(甲基化)为甲基汞,后者再通过海洋湖泊中的鱼类和其他水产品进入食物链。

2. 什么是汞超标? 摄入汞含量超标的食品会对人体健康产生危害吗?

根据 GB 2762-2012《食品安全国家标准 食品中污染物限量》中汞含量的上限规定, 谷物为 0.02 毫克 / 千克、蔬菜为 0.01 毫克 / 千克、肉及肉制品为 0.05 毫克 /

千克、蛋及蛋制品为 0.05 毫克 / 千克、乳及乳制品（液态乳）为 0.01 毫克 / 千克、婴幼儿罐装辅助食品为 0.02 毫克 / 千克等。凡是食品中检出的汞含量超过 GB 2762–2012 中规定的上限量，即为汞超标。

根据世界卫生组织和联合国粮农组织（WHO/FAO）2003 年发布的标准，人体每天每千克体重摄取 0.23 微克的甲基汞可以认为是安全的。WHO/FAO 设置的这一安全剂量已经考虑了婴幼儿和成年人的差异。在 WHO/FAO 的报告中特别提到，除了胚胎和胎儿，其他人对甲基汞的敏感度更低，因而成年人摄入这个标准 2 倍的量，也不会对健康造成危害。不过对于育龄妇女，基于保护胎儿的目的，不应超过这个安全剂量。报告中还提到，对于婴儿和不满 17 周岁的青少年，尽管他们可能会比成年人更敏感，但应该不会比胚胎和胎儿更敏感。因此，这个安全剂量也适用于婴儿和青少年。总之，WHO/FAO 认为，目前设置的这一安全剂量，也就是每天每千克体重 0.23 微克甲基汞，足以保护发育中的胎儿以及其他敏感人群（比如婴儿和儿童）。

3. 食物为何会汞超标？汞中毒主要有哪些症状？

汞的吸收和毒性取决于进入体内汞的形态、途径、接触剂量和接触时间。汞的主要来源是通过水生食物链富集放大，这种放大甚至可高达水体浓度的几千至几万倍。最著名的事件就是日本的水俣病事件，工厂里的水排入江河湖泊里，金属汞在鱼的体内积存，人再食用这些鱼后出现中毒症状。一些品牌的婴幼儿辅助食品中汞超标，可能是由于使用了一些被汞污染的深海鱼类作为原料。另据调查发现，汞在鱼类中的含量是所有食品中最高的，鱼好比是一个天然的汞浓缩器，其中以鱼头中的汞含量最高。汞中毒分为急性中毒和慢性中毒两种。其中，以慢性中毒为多见，主要发生在生产活动中，因长期吸入汞蒸气或汞化合物的粉尘所致。慢性中毒的主要症状为精神—神经异常、牙龈炎、震颤。慢性中毒也可反应在皮肤和肾脏等器官上。大剂量汞蒸气吸入或摄入汞化合物即会发生急性汞中毒。

例如体温计破裂，被测儿童误服可引起急性口腔炎和胃肠炎，表现为恶心、呕吐、腹泻、肠黏膜有血性黏液、肝脏损坏和肾衰竭等。对汞过敏者，即使局部涂沫汞油基质的制剂，亦可发生中毒。

汞及其化合物在自然界分布极为广泛，如土壤、水体、生物体甚至食品中都可寻觅到其踪迹。微量汞一般不会引起危害，因为一般摄入量与排泄量处于平衡状态，但若因食品污染使汞摄入量超标就会对人体产生危害。汞中毒的主要表现是神经系统损害的症状，如运动失调、语言障碍、视野缩小、听力障碍、感觉障碍及精神症状等，严重者可致瘫痪，肢体变形，吞咽困难甚至死亡。

4. 面对汞中毒，我们应该采取哪些预防或急救措施？

甲基汞通过海洋湖泊中的鱼类和其他水产品进入食物链，一些寿命较长的食肉型鱼类如鲨鱼、旗鱼、方头鱼、鲭鱼和梭子鱼等体内的汞含量有可能严重超标，是甲基汞中毒的主要来源。因此要避免食用和禁用此类原材料加工食品，特别是婴幼儿食品；口腔科补牙用汞合金材料（1 克汞合金填充剂含 52% 的汞）是口腔汞蒸气吸入的主要来源，若补牙数目很多，最好用更安全的树脂材料；全社会要进行健康教育，尽量避免接触汞污染源，住宅区应远离汞作业工厂；养成良好的生活习惯和卫生习惯。家长更要教育孩子，饭前便后洗手很重要；远离含汞器具和物品，如含汞油漆涂料、荧光灯、玩具以及学习用品等；使用数字温度计来替代金属汞温度计；慎用化妆品和含汞中药等。

口服汞中毒者，应及早用碳酸氢钠溶液或温水洗胃催吐，然后口服牛奶、蛋清或豆浆，以吸附毒物。需注意的是，切忌用盐水，否则有增加汞吸收的可能；吸入性汞中毒者，应立即撤离现场，至空气新鲜、通风良好处，有条件的还应给氧吸入；有吞咽困难者，应当禁食，并口服绿豆汤、豆浆水、麻油 3 种物质混合的液体，注意口腔护理；对抽搐、昏迷者，应及时清除口腔内异物，保持呼吸道的通畅；对汞从伤口处进入人体的，应当立即停止使用汞溴红溶液。医学专家指出，幼儿尤其容易受危害。儿童汞超标可引起神经、消化、循环系统紊乱，影响孩子的身体发育，导致免疫力下降，可能出现多动、注意力不集中、爱做怪动作及爱咬人等症状。如发现儿童有以上症状应及时到医院就诊，避免因耽误治疗而造成无法挽回的影响。

应该做好产品的安全质量控制，首先是源头控制，否则摄入营养与摄毒仅一步之距。每一种原料都需要依据标准精心挑选、品质控制，避免任何不安全因素影响最后的产品品质，尤其是针对最脆弱群体的婴幼儿食品。

第一节　教你认识包装标识

　　在食品安全越来越受到关注的今天，即使是普通的消费者也能说出几条辨别产品优劣和安全与否的方法，但包装食品用的材料却往往被忽视。其实，包装材料的质量也与食品的安全有着密切关系。特别需要指出的是，消费者不当的使用会使原本安全的食品包装材料变得不安全，在不知不觉中危害到身体健康。

　　1. 食品包装材料和食品直接接触，那么它的质量好坏对食品会有多大的影响呢？

　　食品包装材料主要有塑料、金属、纸、玻璃和陶瓷等，其中塑料是最为广泛使用的。塑料属于高分子聚合物，在合成工艺中会有一些单体残留和低分子量物质溶出。为了改善塑料的加工性能和使用性能，在生产过程中也需要加入一些添加剂（如稳定剂、着色剂、增塑剂等）。上述物质在一定条件下，会从聚合物材料向所接触的食品中迁移，造成污染食品。

塑料又可分为新塑料和再生塑料两种，目前市场上销售的再生塑料袋是用于盛装食品以外的东西，其原料来源复杂，有相当数量是用废旧塑料回收再加工的，未经消毒或消毒不彻底。因原料杂质较多，厂家不得不在其中添加大量颜料加以掩盖。部分再生塑料袋还可能是用农药、化学制剂、医学及化学品包装回收加工制成的，本身就可能含有大量对人体有害的物质。因此，再生塑料是不能用于食品包装的。前几年，市场上还会看到一些消费者拿着五颜六色的再生塑料袋盛装食品，近年来，随着监管力度的加大和人们安全意识的提高，这种情况已基本看不到了。

金属包装材料化学稳定性较差，特别是包装酸性内容物时，镍、铬和铝等有毒金属离子易析出，因此一般需要在金属容器的内、外壁施涂涂料，内壁涂层中的化学物质在一定条件下会迁移污染食品。纸制品是一种传统的食品包装材料，其安全性问题主要来自于造纸过程中加入的添加剂（防渗剂、漂白剂、染色剂等），原料本身不够清洁以及不法厂家采用霉变甚至使用回收废纸作为原料。

2. 广大消费者生活中接触最多的就是塑料材质的食品包装材料，那么各种塑料包装材料的用途是什么？可能存在哪些安全隐患？

细心的消费者会发现，在很多塑料制品的底部有一个标着数字和三个箭头的可回收标识（见下表），表示该材料的组成，以方便回收利用。其中，部分是可用于食品包装材料的，例如聚乙烯（PE），聚丙烯（PP），聚苯乙烯（PS）等。PE 可以制作保鲜膜，它可塑性优良、透气性能好（包装水果、蔬菜有保持水分和排放二氧化碳气体的效果）、价钱便宜，因此使用较为普遍，但耐热温度较低，在遇温度超过 110 摄氏度时会出现热熔现象。

微波炉加热盒多用聚丙烯制造，它可在清洁后重复使用。需要注意的是一些微波炉餐盒，盒体以 PP 制造，但盒盖却以 PE 制造，由于 PE 不能抵受高温，故不能与盒体一起放进微波炉，在使用前消费者应认真查看微波炉加热盒的说明。碗装泡面和快餐有些是聚丙烯盒，有些是聚苯乙烯盒，后者既耐热又抗寒，但不能放进微波炉中加热，并且不能用于盛装酸碱性较强的食品。

3. 相关国家标准有哪些?

针对各种食品包装材料可能存在的安全性问题，我国制定了多个标准以规范市场，如 GB 19741-2005《液体食品包装用塑料复合膜、袋》, GB 9685-2008《食品容器、包装材料用助剂使用卫生标准》, GB 9693-1988《食品包装用聚丙烯树脂卫生标准》等，应该说正规厂商生产的合格产品其质量是有保障的。

4. 日常生活中有不少消费者对包装材料的使用不太在意，往往随便拿了一个食品用的塑料袋就用，这样会不会有安全隐患?

在不同的使用环境下，原本安全的食品包装材料也可能会变得不安全，在不知不觉中危害到身体健康。正规食品生产企业在选用包装材料时，会充分考虑自己产品的特性，选用符合食品安全要求的包装材料，如装水的选什么材料，装油的用哪种材质，酸碱性强又需要注意些什么。消费者不要轻易把使用后的食品包装材料改装其他食品，例如不要用装水的去装油，除非自己能对各种材料的特性都了然于心，而且包装上也明示了材料的类别。

日常生活中经常有消费者用 PE 材质的保鲜膜把食品包裹一下后放入微波炉中加热，这其实是不安全的。PE 薄膜包裹食物，尤其是油脂含量较高的食品进行微波加热时，油脂的温度会在很短的时间内升高，保鲜膜容易渗透、溶胀、变色。如包装含植物油的食品，不但会大大缩短食品的保质期，而且长期接触植物油，PE 薄膜内的有害物质容易析出溶入油中，危害人体健康，所以 PE 薄膜不宜用来包装油炸食品和含植物油的食品，也不宜包装油脂含量高的瓜子、干果子、坚果子等食品。因此食物入微波炉加热，要用专门的微波炉容器盛装，尽少使用塑料材质的容器加热。

作为消费者，一定希望有一种万能的食品包装材料，既质量安全、重量轻、方便保存和使用，又能应用在各种食品的包装和加工处理之中，但十全十美的食品包装是不存在的。玻璃算是安全和稳定的材质了，但有色玻璃生产时要加着色剂，很多都含金属盐，如蓝色玻璃需添加氧化钴，深茶色玻璃要加氧化铜和重铬酸盐，这些化合物在某些条件下也会迁移到食品中。况且玻璃太重，很多情况下是不适用于包装食品的。

无论是功能性还是美观性，安全是一切的前提。如果生产企业能根据食品的特性，选用适合它的包装，消费者能正确而不随意地使用包装材料，食品包装材料的安全性就有了保障。

第二节　食品标签里的"密码"

生产日期：×××
保质期：×××
产地：×××

　　预包装食品标签是生产者向消费者传递关于食品各类信息的窗口，也是消费者对食品最直观的认知渠道。近年来，因预包装的食品标签不明确或提供虚假信息，影响了消费者对食品的选购，甚至损害了其身体健康的事件常见诸报端。为了更好地引导消费，国家制定了 GB 7718-2011《预包装食品标签通则》，已于2012 年 4 月 20 日正式实施，该标准将对我国预包装的食品标签乱象起到规范作用。那么，什么是预包装食品？其标签应当标注哪些内容？预包装食品标签上是否允许标注外文？现在市场上的预包装食品标签存在哪些问题？选购食品时应如何辨别标签的真伪呢？

1. 什么是预包装食品，其标签应当标注哪些内容？
　　预包装食品是预先定量包装或者制作在包装材料和容器中的食品，在一定限范围内具有统一的质量或体积标识的食品。比如瓶装汽水，金属罐罐头等都属于预包装食品。按照国家标准 GB 7718-2011 规定，一般预包装食品标签必须标注食品名称、配料清单、制造者、经销者的名称和地址、生产日期和保质期、产品标准代号及其他需要标示的内容。

对特殊食品，如婴幼儿食品、营养强化食品等，除了标注上述内容外还要按照 GB 13432-2013《预包装特殊膳食用食品标签通则》的规定，标明能量和营养素的含量，食用方法和适宜人群等；酒类要按照 GB 10344-2005《预包装饮料酒标签通则》的规定，标明酒精度、原汁量等。

2013 年开始执行的 GB 28050-2011《预包装食品营养标签通则》对能量和营养素含量等提出了标示要求。

2. 食品标签中一些容易忽视的具体方面有哪些？

添加剂标注。GB 7718-2011 中对食品添加剂的标注要求为可以标示其具体名称，也可以标示为其功能类别名称，并同时标示食品添加剂的具体名称或国际编码（INS 号）；食品配料含量标注。该标准要求，各种配料应按照制造或加工食品时加入量的递减顺序进行排列。这样标注可令消费者对食品中配料的含量有比较直观的了解，从而为消费者选购产品提供便利；日期标示。年代号应以 4 位数字标示于所在包装物的具体部位，而不能采用"见包装物某部位"的方式；食品安全认证（QS）标志及编号标注不变形，颜色要规范；产品标准号要分清推荐性标准还是强制性标准。

3. 近年来进口食品越来越多，是否允许进口食品标签上全是外文？

这是不允许的。GB 7718-2011 适用于在国内销售的预包装食品，其中规定，食品标签应使用规范的汉字（商标除外），具有装饰作用的各种艺术字，应书写正确，易于辨认；可以同时使用拼音或少数民族文字，拼音不得大于相应汉字；

也可以同时使用外文，但应与中文有对应关系（商标、进口食品的制造者和地址、国外经销者的名称和地址、网址除外），所有外文不得大于相应的汉字（商标除外）。

如果销售没有中文标签的进口食品则违反了《中华人民共和国食品安全法》第六十六条的规定："进口的预包装食品应当有中文标签、中文说明书。标签、说明书应当符合本法以及我国其他有关法律、行政法规的规定和食品安全国家标准的要求，载明食品的原产地以及境内代理商的名称、地址、联系方式。预包装食品没有中文标签、中文说明书或者标签、说明书不符合本条规定的，不得进口。"《关于加强进口婴幼儿配方乳粉管理的公告》规定中文标签必须在入境前已直接印制在最小销售包装上，不得在境内加贴。

4. 消费者选购食品时如何正确识别标签？

在选购食品时，消费者常常被形形色色的虚假标签弄得很头疼。一般来说，标签作假的食品包装有几种情况：一是谜语型标签，如一种外观包装很好的速冻银鱼，厂名只写"上海某地"，没有企业名称，这种含糊不清的厂名、厂址已成为部分食品标签的潮流模式；二是戏法型标签，如将大包装食品化整为零，分解成小包装，小包装上干脆不标明产地、生产日期、保质期；三是弹性型标签，标签上将保质期标为 1~3 个月，使消费者难以掌握。如果过了 1 个月后食品变质了只好自认倒霉，如若过了 1 个月后商品还在销售则似乎也无可指责，因为保质期可到 3 个月；四是随意型标签，有些袋装食品既没有标注生产日期，也没有标注保质期，有的则只注明保质期，没有生产日期，或写着生产日期见某处，却不见其踪影。

消费者还应查看标签名称的表述，例如，是"苹果汁"还是"苹果味"饮料，保质期是否在有效期内，标注是否清晰，是否标注了营养成分中能量、脂肪等的含量，属于米、面和油等 28 类的食品是否有相应的食品安全认证（QS）标志，此外，还要查看标签内容是否清晰、完整，易于辨认和识读等。

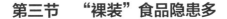

第三节　"裸装"食品隐患多

　　寒冬时节，正是品尝火锅和选购各类食品的大好时光，各种火锅食材、炒货类食品受到消费者的热捧，但食用火锅后腹泻等食物中毒事件时有发生。目前，市场中不少火锅食材、熟食和炒货等是以散装形式销售的。那么，散装食品可能存在哪些安全隐患？国家对散装食品做出了哪些规定？消费者在购买散装食品时应该注意哪些问题？

　　1. 长期以来，散装食品以其价格低廉、购买数量随意等优势颇受消费者的喜爱。但有些消费者在食用散装食品后，甚至在火锅烧煮后食用会出现腹泻等症状，这些是否与食用散装食品有关呢？散装食品到底是指哪些？

　　散装食品，又称"裸装"食品，是指无预包装的食品、食品原料及加工半成品，但不包括新鲜果蔬、需清洗后加工的原粮、鲜冻畜禽产品和水产品等，即消费者购买后不需清洗即可烹调加工或直接食用的食品，其主要包括各类主、副熟食、面及面制品、速冻食品、酱腌菜、蜜饯和果及炒货等。

这种便利灵活的销售模式有其不少优势，但也因其特有的销售模式，很容易在运输和销售环节中受到二次污染。尤其是在销售过程中，销售者与裸露食品接触、裸露食品与空气直接接触，若蔽护措施不到位，则大大增加了被微生物和病毒等污染的风险。如，超市在进货时对散装食品的管理不规范，没拒收未提供合格卫生检测报告的散装食品；有的超市虽然设置了散装食品区，但柜台内有的散装食品无规范标签，例如标签上有名称、价格，却没有产品配料、生产日期和保质期等信息；有些超市散装食品柜台无专人负责，顾客直接用手或使用超市提供的工具翻选；出售的食品亦无防尘遮盖材料，有的虽然有盖子，但形同虚设。有的半遮半盖，有的完全敞开，食品直接暴露在人来人往的环境中；有些超市出售的散装熟食未存放在冷藏柜内，而是在常温条件下销售，未到保存期限，产品就已变质；另外，不少超市散装食品销售区的工作人员未戴口罩、手套、帽子，有的工作人员甚至没有健康证。这些都是造成散装食品存在安全问题的因素。

2. 这种销售形式在流通环节中会出现哪些安全隐患？

微生物是导致食品腐败的重要原因之一，它可分为致病微生物和致腐微生物两类。如沙门菌、单增李斯特菌和大肠杆菌 O157 等，其生长虽然不一定会明显改变食品的感官品质及物化性质，但会带来严重的健康问题。合格食品中，这类微生物是不得检出的，但有可能会在运输和销售过程中被环境污染，尤其是不具备预包装的散装食品，若没有其他防护措施，更容易感染致病菌，如假单胞菌、酵母菌和真菌等。它们会引起食品的变色、变味和发霉，感官品质严重下降，导致食品腐败。当消费者食用染有致病菌的散装食品时，容易导致食物中毒，如腹泻等。

散装食品中，蜜饯食品多为高糖制品，其较高的渗透压具有一定的抑菌效果，但对于空气中耐高渗的微生物，若防护措施不到位，则真菌和芽孢杆菌等易污染并滋生其中；蛋糕、熟肉制品水分含量相对较高，蛋白质丰富，极易引起细菌的滋生，加之散装销售，一旦被污染，则微生物繁殖速度极快。这些散装食品在生产、运输和销售过程中，有可能发生食品腐败变质，易引起消费者食物中毒。

3. 国家对散装食品做出了哪些规定？

为加强散装食品经营过程的卫生管理，保障消费者健康，卫生部出台的《散装食品卫生管理规范》已于 2004 年初开始执行。该规范适用于所有经营散装食品的食品超市和商场等销售单位，但不包括餐饮业和集贸市场。规定包括了散装食品的运输，经营者对散装食品的采购、在销售散装食品应该注意的事项、经营者应配备专门的食品卫生管理员对散装食品进行管理，以及对违规经营者的处罚措施。

经营者销售的直接入口食品和不需清洗即可加工的散装食品，必须做到以下 5 点：（1）销售人员必须持有效健康证明，操作时须戴口罩、手套和帽子；（2）销售的食品必须有防尘材料遮盖，设置隔离设施以确保食品不被消费者直接触及并具有禁止消费者触摸的标签；（3）应在盛放食品的容器显著位置或隔离设施上标签出食品名称、配料表、生产者和地址、生产日期、保质期、保存条件、食用方法等；（4）具有符合卫生要求的洗涤、消毒、储存和温度调节等设施或设备；（5）必须提供给消费者符合卫生要求的小包装，并保证消费者能够获取符合规范要求的完整标签。该规范还规定，供消费者直接品尝的散装食品应与销售食品明显区分，并标明可品尝的字样。销售需清洗后加工的散装食品时，应在销售货架的明显位置设置标签，并标注以下内容：食品名称、配料表、生产者和地址、生产日期、保质期、保存条件、食用方法等。

4. 消费者在购买散装食品时应该注意哪些问题？

消费者在购买散装食品时有几点需要注意：第一、选择在具有有效《食品流通许可证》的超市、商场或固定专卖食品店等食品经营单位购买。第二、注意查看相应的标签是否清晰、规范地标明了食品的名称、配料表、生产者和地址、生产日期、保质期、保存条件等信息。若发现标签的内容变得模糊甚至脱落，不易于辨认和识读，要谨慎购买。第三、注意观察散装食品的色泽、形状、质地有无变质、腐烂现象，尽量挑选近期生产的食品，不购买过期食品。慎选裸露外卖的食品以及生熟置于一起出售的食品，防止二次污染。第四、购买直接入口的卤制品、蜜饯、凉菜和糕点等散装食品时，注意查看是否有防尘材料遮盖，销售人员操作时是否戴口罩、手套和帽子。第五、冷冻散装食品应在低温度下冷藏，若发现冷冻散装食品部分发白，甚至变成焦黄色，多是由于温度变化太大，水分散失干燥而致，建议消费者不要购买。

对于超市和市场中散装出售的冷冻火锅食材，如鱼丸、蛋饺等，购买时首先应到有冷冻陈列柜的柜台购买，冷冻柜内的温度应该在 –18 摄氏度以下。这是因为冷冻食品要保证质量，必须在该温度以下的环境中贮藏、运输和销售；其次，观察冷冻食品是否保持原有的色泽，倘若色泽已发生变化，说明该食品质量已降低，例如当冻鱼表面呈现黄褐色，则说明鱼的脂肪已发生氧化酸败，这样的食品不宜再选购；最后，从冰箱中取出的速冻食品一经融化，就应立即食用，不应再次冻结，因为，速冻食品融化时的温度每时每刻都在上升，细菌的繁殖也随温度的升高而增加，有时，出现的细菌数会超出腐败临界时的数目，这时的速冻食品就会变质，食之会影响健康。

相对于包装食品来说，散装食品是最环保的。要确保消费者食用安全，它可形散，但安全、卫生管理的"神"不能散。只有科学、合理的蔽护措施一路保驾，才能让这种简易、便利的销售模式持久、健康地发展。

第一节　被忽视的烹饪

在享受美食的同时，如何控制食物的安全性问题已受到广泛关注。那么烹饪过程中容易被忽视的食品安全问题有哪些？产生这些问题的原因是什么？我们在烹饪过程中要注意哪些细节？

1. 在日常生活中，哪些环节在烹饪过程中容易被忽视？

烹饪从广义上说，烹饪是对食物原料进行热加工，将生的食物原料加工成熟食品；狭义地说烹饪是指对食物原料进行合理选择调配，加工治净，加热调味，使之成为色、香、味、形、质、养兼美的安全无害的、利于吸收、益人健康、强人体质的饭食菜品。

食品安全直接关系着人们的健康，它与烹调制作的科学与否密切相关。要使饮食科学化，仅选择"绿色食品材料"是远远不够的，绿色食品还须科学烹调。因烹调加工时，方法不当，极易混入，产生一些有害物质对绿色食材造成污染，而且，此过程中产生有害物质的环节很多，如：原料加工温度过低、时间过长、蛋白质烧煮过度、油温过高或烤制食品、使用香料调料、色素不当、烹调生产者带菌都可能对烹调食品的安全性问题产生影响。

2. 哪些过程对于控制烹饪中食品安全有着重要作用？

烹饪过程中最重要的一点使恰当控制加热温度和时间。一般来讲，温度对生物生长有一定的影响，温度大于 50 摄氏度，一般腐败微生物停止生长；60 摄氏度以上时，微生物逐渐死亡；63~65 摄氏度经 30 分钟或 70 摄氏度经 5~10 分钟，或 85~90 摄氏度经 3 分钟；100 摄氏度经 1 分钟，微生物细胞就会被杀死。如果熟悉了温度对微生物的影响，就可以根据不同的烹饪原料科学选用加热温度和时间。

采用适当的火候烹制食品，不仅能杀菌消毒，还能确保食物营养、色、香、味。如蔬菜烧制过程中维生素极易被破坏，因此温度不宜太高。大部分蔬菜的最佳烹饪温度都在 70~80 摄氏度之间，如韭菜炒蛋最佳温度在 70 摄氏度，炒土豆最佳温度在 80 摄氏度，炒四季豆的最佳温度在 88 摄氏度等。

3. 烹饪过程中的高温可能会引起材料中生成毒性物质，原因是什么？

温度过高或时间过长可能会对食物产生很多有害成分，就如蛋白质有一个明显的变化温度。通常在 45~120 摄氏度范围内原料的蛋白质处于正常的热变性状态，这种适度变性有利于人的消化吸收。但是，一旦温度升高或者时间延长，就会使蛋白质进一步变性，蛋白质分子逐步脱水，断裂或者热降解，使蛋白质脱去氨基，并且有可能与碳水化合物的羰基结合形成色素，发生非酶褐变，使食品的色泽加深。若温度达到 200 摄氏度及以上温度且继续加热时，原料中的氨基酸、蛋白质等完全分解，并且焦化成对人体有害的物质，特别是焦化蛋白中色氨酸产生的氨甲基衍生物具有强烈的致癌作用。已有研究结果向人们指出烧煮、熏烤太过的蛋白质类食物也会造成体内缺钙。

淀粉类的食物也不适宜高温烹调，淀粉食品在温度高于 120 摄氏度情况下烧制容易产生丙烯酰胺。若达到一定量会引起人体出现嗜睡、情绪波动、幻觉和震颤等症状，同时研究表明这是一种致癌物质。因此要提醒大家，应尽量避免过度烹饪食品，如温度过高或者时间过长，也要注意食物是否做熟，确保杀灭食物中的微生物，避免导致食源性疾病。

4. 一些耐高温加热的食用油，是不是也同样需要一定的温度和时间控制？

烹调用油加热温度不宜太高，因油脂的温域范畴广（一般在 0~240 摄氏度都可选作烹调加热用）。油脂在高温下会发生聚合、水解、缩合和分解等各种复杂的物理化学变化，生成低分子的酮类、醛类、二烯环状单聚体、二聚体、三聚体和多聚体等。环状单聚体和二聚体分子量较小、易被机体吸收，且具有较强的毒性，可使动物生长停滞、肝脏肿大，甚至可能有导致癌作用。此外，油脂在高温发生热聚，还可形成致癌性较强的多环芳烃类物质，值得引起大家的重视。

油加热时表面冒烟表示此时油温达到该油脂的发烟点，有一定的丙烯醛产生，对鼻和眼有严重的刺激作用。而且，油使用时间越长，油脂发烟点越低，这是为什么反复使用过的油脂加热后迅速冒烟。为防止油脂经高温加热带来的毒害，用油加热时应做到：尽量避免持续高温煎炸食品，一般烹饪用油温度最好控制在 200 摄氏度以下；反复使用油脂时，应随时加入新油，并随时沥尽浮物杂质；根据原材料品种和成品的要求正确选用不同分解温度的油脂。如：松鼠鱼、菠萝鱼等要求 230 摄氏度以上温度成型时，应选用分解温度较高的棉籽油和高级精炼油。

5. 除了油脂高温加热和腌制食物外，还有哪些食物是我们应该注意的？

除了上面提到的几种，还有需要我们注意的就是烟熏和烘焙食品。人们在用煤、汽油、木炭、柴草等有机物进行高温烟熏烤制食品时，有机物得不到完全燃烧将产生大量的多环芳烃类化合物。被熏烤的食物原料往往直接与火、烟接触，直接受到所产生多环芳烃的污染。随着熏烤时间的延长，多环芳烃由表及内，不断向原料内部渗透。尤其是含油脂和胆固醇较多的食品熏烤时，生成的多环芳烃更多。

据相关统计：熏烤食品中多环芳烃以苯并芘的含量为例大致为：一般烤肉、烤香肠内含量 0.17~0.63 微克 / 千克；新疆烤羊肉如滴落油着火后，则含量为 4.7~95.5 微克 / 千克。欧盟、世界卫生组织分别规定烟熏食物苯并芘含量不得超过 5 微克 / 千克和油脂及其制品的应不超过 10 微克 / 千克，我们国家在这方面的标准与欧盟一致。

所以，路边的烧烤和一些烟熏食品我们不能多吃。在制作熏烤食品时，可以通过控制食物和炭火的距离，避免食物和炭火直接接触，或者改用电炉等方法防止多环芳烃对食品的污染。同时，我们还应注意不让熏制食品油脂滴入炉内因为烟熏时流出的油含苯并芘多，温度控制在 400 摄氏度以内。

6. 在原料方面对烹饪过程食品安全的影响有哪些？

原料方面对烹饪过程中的食品安全也非常重要，如：人们常通过飞水去除菠菜、苋菜、茄子等原料中的有机酸，可防止其与人体摄入的其他高钙或高蛋白质食物在体内形成不能被吸收的结石性有机物，入鞣酸蛋白、草酸钙等。再如：烹饪鲜黄花中的秋水仙碱；加工发芽土豆时，除去净皮、芽周围组织外，还应注意煮熟煮透，辅加适量的醋，以破坏所含有对人体有害的龙葵素碱；烹饪制四季豆时，注意须长时间煮沸，加热彻底才能破坏所含有的对人体不利成分—皂素和豆素；烹制白果时，加热彻底才能免除银杏酸对人体的毒害；烹制害氰疳的木薯、苦杏仁、桃仁等，加热彻底并不加盖烹制，可让生长的氰氢酸挥发；加热被绦虫、肝吸虫、蛔虫等寄生虫卵污染的食品，应使加热时间稍长，使原料内部中心温度达到杀菌温度时，才能彻底灭杀寄生虫。

恰当使用香辛料、调料等调味、调色辅助料，防止食品中人为加入有害成分。最好不使用花椒、胡椒、桂皮、茴香等香料，不使用劣质或假冒的酱油、米醋、料酒、食盐等调料，不使用防腐、发色剂亚硝酸盐类和食用色素。烹饪过程中还应特别注意恰当投放味精（味精主要成分为谷氨酸钠），在弱酸性时，或中性溶液中，且温度为 70~90 摄氏度时，使用效果最好，若投放时温度过高，谷氨酸钠会在高温下转化为焦谷氨酸钠，不仅未让食物增鲜，而且可能引起恶心、眩晕、心跳加快等中毒症状。

7. 在烹饪过程中，从业人员对食品安全的影响有哪些？

由于从事烹饪生产的从业人员是食品污染疾病传播的重要途径之一，所以他们需要搞好个人卫生。从《食品安全法》亦规定；食品生产经营人员每年必须进行健康检查，新参加和临时参加的食品生产人员必须取得健康合格证后方可参加工作。凡患痢疾、伤害、病毒性肝炎、活动性肺结核或化脓性渗出性皮肤病等不得参加直接入口食品的制作，凡传染病患者或带菌者都应停止工作、立即治疗，待三次检查为阳性后，才可恢复工作。总之，烹饪工作者应悉心关注了解烹饪过程中各个环节对食品得影响，并不断地积累和掌握烹饪过程中控制食物安全性问题的各项措施，以便探研到更科学更合理地烹饪方法。

第二节　不粘锅的禁忌

不粘锅是炊具家族中的重要产品之一。近年来，不粘锅因其可以轻松煎炒、不易粘底、容易清洗等诸多优点，愈来愈多地得到广大消费者的青睐和认同。但是，也有不少人怀疑不粘锅有毒，具有致癌性，那么究竟我们平日里使用的不粘锅是否具有致癌性？我们在日常生活中应该如何使用不粘锅？在各式各样的炊具中，我们应该如何选择呢？

1. 什么是不粘锅？它为什么不"粘"？

不粘锅，顾名思义就是用它烹饪不会使食材粘到锅上面。不粘锅之所以不粘，是因为锅表面涂了一层 0.2 毫米的化学涂料，这层薄薄的化学涂层其主要材料是特富龙（也有少数是用陶瓷涂层或者其他材料）。特富龙由全球最大的化学与能源集团，美国杜邦公司研发，一度被称为"拒腐蚀、永不粘的特富龙"——其主要成分是聚四氟乙烯，是一种使用了氟取代聚乙烯中所有氢原子的人工合成高分子材料，又称塑料王。由于这种材料具有不黏性、易清洁，并且还有耐腐蚀、耐高温等特点，被广泛应用于炒锅、保温杯、烤箱、烧烤板、微波炉乃至化工、服装等领域。

2. "特氟龙"不粘锅是否安全?

特氟龙的生产过程中会使用的另一种化学成分, 叫做全氟辛酸铵 (PFOA)。全氟辛酸铵的作用是将特氟龙涂层牢牢固定在厨具的表面。实验室数据表明, 高剂量的 PFOA 暴露与动物模型的癌症发生相关。此外, PFOA 还可能导致胆固醇水平升高, 甲状腺疾病及不育。但是, 目前并没有任何研究表明人群血液中检测到的 PFOA 是源自对特氟龙厨具的使用。在不粘锅制造中的加热过程, 绝大部分 PFOA 已被破坏。因此, 在不粘锅厨具成品中, PFOA 的含量应该是极微量的。不粘锅涂层在 300 摄氏度加热时会产生微量热解物, 无明显刺激作用。而在 400 摄氏度以上加热 4 小时可产生水解性氟化物如氟化氢, 对肺部有强烈的刺激作用。所以不粘锅不适合用来煎炸食物, 像电饭煲用不粘锅却是安全的。

3. 不粘锅有哪些种类? 我们应该如何选购?

不粘锅产品按使用功能不同可分为煮锅、煎锅、炒锅、奶锅, 按内表面不粘涂层系统可分为一层系统、二层系统和三层系统锅。一层系统是指由单一涂料组成的不粘层; 二层系统是指由底层和面层两种涂料组成的不粘层; 三层系统是指由底层、中层和面层 3 种涂料组成的不粘层。按产品外表面处理方法可分为搪瓷、耐高温漆、抛光不粘锅。

选购不粘锅时, 消费者可根据自己的需要选择不粘品种和款式。挑选时, 消费者应注意观察不粘层的表面质量。表面应光滑, 色泽一致, 无气泡, 不脱落, 无脏物、裂纹和爆点等明显缺陷。不粘锅外表面应光滑, 色泽均匀, 无脱落等缺陷。不粘锅手柄应牢固。另外, 消费者应选择知名企业生产的产品。消费者还应注意, 目前市场上不乏以次充好、以劣质不粘涂料冒充优质涂料、基体材料厚度低于标准要求等欺骗行为。

4. 我们用该如何安全使用不粘锅?

除了避开 260 摄氏度以上高温烹饪方法外, 在使用和保养不粘锅时应注意以下几个方面: 一是首次使用前, 要把标贴撕去, 用清水冲洗并抹干, 涂上一层薄薄的食用油(牛油及猪油除外) 作为保养, 再清洗后方可使用。二是烹调时, 应用耐热尼龙、塑料或木制的锅铲, 避免尖锐的铲具或金属器具损害不粘锅的表面。三是不粘厨具传热均匀, 使用时只需用中至小火, 便可烹调出美味食物。采用大火时, 锅内必须有食物或水。四是使用后顺待温度稍降, 再用清水洗涤, 不能立即用冷水清洗。遇上顽固污迹, 可以用热水加上洗洁精, 以海绵清洗。切勿以彩眯查的砂布或金属球大力洗擦。五是, 如果不粘锅的表面涂层有破损, 应及时更换不粘锅。

5. 日常生活中建议采用怎么样的炊具?

铁锅多采用生铁制成, 具有几乎不含有对人体有害的重金属元素、耐用等优点。铁锅炒菜不仅味道鲜美, 而且能长期均匀地补充铁剂, 从而可预防缺铁性贫血的发生。铝锅虽然轻巧耐用, 不生锈。但温度过高或烧煮酸性或碱性食物, 铝会大量融出。长期过量摄入铝就可抑制人体消化道对磷的吸收, 导致钙、磷比例失调, 影响骨骼生长。沙锅适用于炖肉、煲汤及煎中药, 但沙锅的瓷釉中含有少量铅, 煮酸性食物时容易溶解出来, 有害健康, 故最好选用内壁本色的砂锅。

用铜锅烹煮食物时溶解出来的少量铜元素, 对人体有利。但铜锅易生铜绿, 故不宜存放食物。长期摄入铜过多, 会导致慢性肝间质炎病以及某些遗传疾病如威尔逊病。不锈钢锅是由铁铬合金掺入镍、钼、钛、镉、锰等微量金属元素制成, 这些微量金属元素如果超标对人体有害, 如镍就可引起癌症, 而且最好不要用它腌制食物。各种材质的锅具, 烹饪各有利弊, 应该按需用锅。但综合评价, 我们认为还是应该首选铁锅或者经过特殊处理的不锈钢锅。

第三节　消毒餐具真的干净吗？

前段时间，广州市食品药品监督管理局对餐饮服务单位食品及相关产品进行了抽检。在餐具抽检方面，接受专项抽检的共有 134 个批次，其中有 58 个批次不合格，合格率约 57%。主要不合格项目为大肠菌群、烷基（苯）磺酸钠。下面我们就来谈谈餐具如果清洗不干净会有什么危害。

1. 为何餐具清洗消毒后会出现各项指标不合格？这些餐具上的残留会对用餐者带来哪些安全隐患？

目前，消费者在餐厅中使用的餐具多为专门机构配送的整套消毒餐具，如果是正规厂家经过规范操作程序清洗的餐具可放心使用。但也存在不法商贩在利益的驱使下，使用小作坊或非法厂家提供的消毒餐具，若清洁消毒程序不规范，将可能埋下食品安全隐患。

最需关注的就是病原体携带者用餐后，若餐具清洁消毒不规范，会造成交叉感染，如餐具消毒不彻底或消毒后被大肠菌群污染，食用者可能会引起腹泻等中毒症状；烷基（苯）磺酸钠是一种人工合成洗涤剂成分,消毒餐具中检出烷基（苯）磺酸钠残留超标表明餐具清洗不够彻底；长期使用棕榈油酸值超标的餐具，易导致心血管疾病。

2. 什么是餐具洗涤剂？如何选购餐具清洗用的洗涤剂？

餐具洗涤剂是一种在厨房中使用的轻垢型洗涤剂，通常为液态。餐具洗涤剂分手洗餐具洗涤剂和机洗餐具洗涤剂。餐具洗涤剂由主要表面活性剂、次要表面活性剂及辅助成分按一定配方复配而成，属配方型产品。

在目前销售的餐具洗涤剂中，不合格产品主要存在总活性物、甲醛、细菌总数等指标不合格的问题。其中，总活性物代表洗涤剂的去污效果，一些厂家为了降低生产成本而减少其中表面活性剂的含量；若使用甲醛超标的餐具洗涤剂后，甲醛可能会残留在餐具、瓜果上面，随食物一起进入体内，长此以往，影响人体健康；细菌总数超标，如果后续的消毒程序不规范，越清越污，易导致易感用餐者（老年人、儿童等）食物中毒。

故购买餐具用洗涤剂，要选择到正规经营场所购买；其次，要注意查看商品的标签和标识，餐具洗涤剂的外包装应标示：产品名称、商标名称或图案、主要有效成分、性能、生产者名称、地址等，不要购买标识不全的散装产品；最后，消费者应选择无异味，稠度适中，不分层、无悬浮物或沉淀物的洗涤剂。

3. 如何正确清洗餐厅餐具？

餐具、用具、器皿在清洗消毒过程中须做到"一清、二洗、三消毒、四冲洗"，不得减少任何环节。要提高清洗效率，首先将餐具内的杂物清理掉，再放入水池进行清洗是关键的一步；然后稀释洗涤剂，用温水混匀浸泡；洗净后，将餐具放入配好消毒液的水池内进行浸泡消毒，浸泡时间为30分钟。消毒后的餐具用清水直接清洗，使餐具表面光洁、无油渍、无异味等；对每餐未使用的餐具，必须收回洗碗间用清水冲洗，然后进行消毒，方可再用。餐具、用具、器皿等待消毒、干燥后，应放入指定的位置，并加盖封闭，防止细菌侵入。

洗碗间及消毒间必须保持整洁、卫生、明亮，不得存放有毒物品、有毒气体、污物、易爆物品等；下班时，厨房主管及当班负责人员应对餐具及洗碗间进行检查，合格后方可离去。

4. 涉及的相关标准和监管规范

相关的标准，如：GB 14934-1994《食（饮）具消毒卫生标准》、GB 9985-2000/XG2-2008《手洗餐具用洗涤剂》、GB 14930.2-2012《食品安全国家标准 消毒剂》、DB31 612-2012《餐饮具集中消毒单位卫生规范》、《餐饮具集中消毒单位卫生监督规范（试行）》。

5. 日常生活中消费者应该如何清洗餐具及厨房用品？

清洗碗盘时，要先从没有沾油腻餐具开始。像杯子、饭碗等油分较少的餐具，光用水洗便能清洗干净。因此，只要将其放于水槽内搓洗一下，再用水冲一冲即可。盛装菜肴较为油腻的碗盘，请勿叠放后一并拿到水槽中，否则将使其更加油腻难以清洗。应先用卫生纸或果皮等将碗盘内油污刮除干净，再分别拿至水槽中一一清洗。油腻的碗盘用热水清洗比较干净。应避免将餐具与切完生鲜鱼、肉的砧板一起清洗。餐具清洗完毕后，放在沥干架上，再用热水冲一遍。待水气完全蒸发（不用抹布擦拭，避免再次污染），沥干后，直接收进餐柜即可。